肉品加工學實習

鄭富元————編著

五南圖書出版公司 印行

課程大綱

　　本書內容旨在讓學生了解肉品加工理論應用與操作，強化肉製品製作之實務操作能力。課程內容設計與編排參考勞動部「肉製品加工技術士技能檢定規範」之分類方式，先介紹肉品加工器具與設備、副原料與添加物以及雞肉分切，接續介紹乳化類、顆粒香腸類、乾燥類、醃漬類、調理類（含燒烤、滷煮），每一分類設計 1～3 種加工製品，並考量各學校或者訓練單位時數規劃、設備、器具前提下，編排 18 個實習內容，提供學生學習肉品加工所需要的觀念、知識與技能，以期未來可以運用在肉製品加工產業上，為培養臺灣未來的肉製品加工人才盡分心力。本書雖審慎編寫力求完善，但難免有疏漏之憾，祈請各界先進不吝指正。

CONTENTS・目錄

實習一

肉品加工器具與設備介紹

壹、前言

　　肉品加工器械種類繁多，只要是與肉品原料、副原料、食品添加物直接或者間接接觸之器械、工具或器皿皆可稱之。依照肉品加工製作程序，相關的器械可概略分為：各式刀具與容器、切割、絞碎、攪拌、注射、滾打、輾壓、細切、充填、乾燥、煙燻、熟化、炒食、油炸、真空包裝等各式設備。一般肉品業者考量生產效率，常使用中大型的加工設備，相較於學校實習課程，往往組數多、製作量少，小型的加工設備較適合在課程中使用。因此，本單元所介紹之器具與設備，基本上以實習課程會使用到者為原則。再者，肉品加工所使用之設備，多數都需要對肉原料進行組織的破壞或者加熱變性，如操作方式不當很容易對人體造成嚴重的傷害。因此使用上務必盡量了解器械的運作原理與操作方式，嚴格遵守正確操作步驟。再者，肉品加工器械使用後皆需要妥善清潔與保養，以避免汙染與損壞，正確的清潔方式同樣重要。

　　本實習單元將介紹肉製品加工實習課程常用之器具與設備，讓學員了解機械原理、可能危害、操作方式與清潔保養。

貳、肉品加工器械介紹

一、刀具

　　肉原料幾乎都需要修整後才能進行下一步作業，刀具是不可或缺之工具。市面上刀具種類相當繁多，以下挑選部分常見刀具作介紹：

1. 分切刀／去（剔）骨刀／修筋刀

　　此類刀具有許多名稱，形狀亦不盡相同，刀身較窄，分切肉品時容易自由動作；刀刃較薄且鋒利，可剔除掉多餘的脂肪，也能輕易地切斷與剔除筋膜，因此非常適合用於整修肉品。此外，刀身形狀與長度略有不同（圖1），在進行去骨、修筋時，使用刀身不宜太長、宜帶彎曲，容易在骨肉間滑動，而較長且直的刀身可以

運用在去皮、去脂與分切肉塊。

> ※ **注意事項：**
> - 勿隨意靠近正在使用刀具的人，使用時手部與刀刃要保持適當距離避免劃傷。
> - 考量衛生與刀身設計，分切刀應專用於肉品，避免用於切蔬菜。
> - 使用分切刀時要盡量避免劃到骨頭，否則鋒利的刀刃很快就會鈍化。
> - 刀具使用完畢應該立即清洗，避免與其他器具堆置於水槽，以免發生危險，且洗淨後需要乾燥，防止微生物汙染。

▌圖 1　去骨刀／筋刀（最上方刀身 29cm、中間 18cm、最下方 14.5cm）。

2. 磨刀棒

　　鋒利的刀刃，在使用過一段時間後皆會慢慢變鈍，適當的使用磨刀棒可以有效延緩刀鋒變鈍，只要保養得宜，可以延長刀具的使用壽命。反之，如果使用不當，輕者加速刀刃鈍化，重者則導致刀刃受損，縮短刀具的使用壽命。一般磨刀棒可分光滑與紋路兩種（圖 2），光滑磨刀棒使用時比較不會研磨刀刃，而使用有紋路的磨刀棒時，較大的摩擦力會同時研磨刀刃，至於孰優孰劣則端看使用者的習慣。磨刀棒能延長刀鋒鈍化主要有兩個原因，一為刀刃與磨刀棒摩擦時，可以矯正刀鋒微小的歪斜與修正毛邊，讓刀刃恢復鋒利；另一原因為刀具摩擦磨刀棒時，有助於讓刀鋒的電子重新整齊排列，恢復刀刃的鋒利。

※ 注意事項：

- 使用時注意適當力道，重點在於摩擦而非研磨，且留意動作不宜過大避免劃傷自己或者別人。
- 當使用磨刀棒後刀具依舊不鋒利，或者維持的時間很短，代表刀具需要再研磨。

圖2　磨刀棒（上方黑色把柄為帶有紋路之磨刀棒；下方藍色把柄為光滑之磨刀棒）。

3. 弓形骨鋸

　　如圖3，用來切割帶骨的部位肉，一般使用在牛、豬、羊等屠體，家禽屠體比較不會使用到骨鋸。手動骨鋸僅適合鋸開骨頭，用來切肉會有切面不平整，且損耗高、肉末多的缺點。

※ 注意事項：

- 安裝時注意鋸齒方向是由把手端向外。
- 使用時先用刀具切開精肉的部分，骨鋸再置於骨頭部分，由內往外推的出力方式鋸開。
- 每次使用後需要將鋸條拆開清洗乾淨，注意凹槽容易卡肉屑。

圖3　弓形骨鋸。

二、機具設備

1. 絞肉機

如圖 4，絞肉機是肉品加工很常使用到的設備，其結構相當簡單，由一顆馬達搭配減速機帶動螺旋桿與絞刀，並與絞網形成剪切力，將肉推擠通過剪切的絞孔盤而變成絞肉。依照需求有大小不同馬力／功率的機型可供選擇，絞孔盤、絞刀型式與規格各廠牌略有差異，一般是不能通用。不過孔徑尺寸則大致相同，一般為 3～20mm。

> ※ **注意事項：**
>
> • 使用絞肉機前應該正確安裝部件，包含絞刀與絞網，建議絞刀與絞網每次安裝時要上點食用油，接電前先確認開關保持在關閉狀態，測試運轉無異音再進行絞肉。
>
> • 盡量將肉塊切成小於入料口的規格，要注意手不可靠近入料口，如有肉塊卡住應該使用機器配置的工具，或者先關掉開關再移除卡住的肉塊。
>
> • 使用完畢後先拔掉插頭或者關閉插座電源，拆卸部件清洗，晾乾後置於乾燥處存放以避免部件生鏽。

▎ 圖 4　絞肉機（左圖）及其部件（右圖）。

2. 擂潰機／攪拌機

　　擂潰機（圖 5 左）主要用於貢丸等丸類生產線，透過擂潰攪拌方式萃取肉中鹽溶性蛋白質，並與脂肪進行乳化做成乳化漿。目前國內多數教學現場，考量教學上的便利性，大多以一貫攪拌機（立式攪拌機或稱行星式攪拌機）搭配槳狀攪拌器（圖 5 右）來進行乳化類產品製作。但攪拌機的打漿效率遠不及擂潰機，因此在配方的設計與使用量、攪打時間，以及保溫方式需要特別考量。

> ※ 注意事項：
> • 正確安裝攪拌器、攪拌缸，攪拌缸外可以使用鋼盆裝冰水保冷，提升打漿效果。
> • 盡量選用安全網的機型較爲安全，操作時務必要關掉開關，才可以進行加料、刮缸等動作。加料後先以低速攪拌，確定原料不飛濺時，再調至中、高速攪打。
> • 機器運作時不可變換速度，待機器完全停止時才可以轉動變速器，遇到無法入檔時，可以適當地撥動攪拌器即可順利入檔位。
> • 機器使用完畢後，先將速度檔位歸至低速，再拔掉插頭、拆卸攪拌器、攪拌缸，清潔、乾燥後定點存放。

▌　圖 5　擂潰機（左）、一貫攪拌機配置槳狀攪拌器（右）。

3. 細切乳化機

　　細切乳化機（Silent cutter）型式與種類相當多，一般肉品常用的又稱盆式細切機（Bowl cutter，圖 6），多刀式設計（一般配置 3 刀或者 6 刀）搭配轉盤，通常刀片轉速與轉盤有快慢兩種設定，可以快速均勻將原料肉、脂肪細切成微細肉泥，使兩不相融粒子混合形成乳化態。細切乳化機有不同容量的機型設計，具有高效率的生產特性，非常適合用於乳化類產品如熱狗、德式香腸的大量生產。一般學校或者訓練機構大多使用小型機種，或者使用攪拌機搭配槳狀攪拌器替代。

※ 注意事項：

- 使用時應詳細了解操作方式、每個開關的功能，以及緊急停機的方式。
- 依照機器的建議生產量操作，投入原料時盡量平均分散，小機型可停機打開上蓋均勻投料。操作時刮板要確實握好，如果刮板滑落要立即按壓緊急停機開關，避免造成刀片損傷。
- 下料時要特別留意避免被鋒利的刀片割傷，尤其在靠近刀片處操作時，需由下而上的方式操作。

圖 6　細切乳化機。

4. 充填機

　　一般可分為手動、電動、油壓等不同型式，用於中式香腸、熱狗、德式香腸、火腿腸充填使用，需依照腸衣規格選擇合適的管徑。手動型充填機（圖7）大多有兩個旋鈕——快速與慢速，互為不同的轉向。

※ 注意事項：

- 操作時須注意肉漿盡量整平，確認排氣部件是否正常運作，轉動把手時如果出現很強的反作用力通常是氣體太多，須按壓排氣口排氣。
- 旋轉把手時要握緊並適度轉動，留意反作用力回彈，正常只要返回一圈即會停止出料，如持續出料則是氣體太多，按壓排氣口排氣即可排除。

圖7　充填機。

5. 混合機

　　如圖8，常用於混合肉品與原料使用，非常適合中式香腸、肉乾等製品混合配方材料使用，機器通常具有正反轉、速度調整等功能。一般教學現場常會用攪拌機搭配勾狀或者槳狀攪拌器取代，但此種混合方式容易對肉塊產生拉扯與擂潰現象，進而影響製品最終組織與口感。

※ 注意事項：

- 需要配合混合機機型建議量使用，過多或過少會影響攪拌均勻度。
- 加粉料時可以搭配粉篩使用（建議網目大於 5mm）。
- 機器運作時須小心手或者物品捲入。
- 清洗時要留意清潔死角，防止汙染產品。

▍ 圖8　混合機。

6. 焙炒機

　　如圖9，主要用於肉鬆、肉酥、肉角製作，一般常見有迴轉鍋體（轉鼎，左圖）或者旋轉刮刀（轉刀）兩種型式，可以直接將肉鬆、肉酥、肉角炒至成品，亦可用來炒粗胚，再搭配滾筒炒食機（右圖）來製作肉鬆、肉酥與肉角等產品。

※ 注意事項：

- 一般焙炒機的鍋體相當厚，因此加熱慢但保溫效果相當好。通常配置大火力輸出的快速爐頭（中壓瓦斯調整器），當發現鍋底出現沾黏再收火時為時已晚，餘熱往往會導致燒焦現象，因此需要留意火力的控制。
- 鍋底的清潔保養可以參考鑄鐵鍋的方式，每次使用後先清潔乾淨，可以上食用油防止鍋底生鏽。

圖9　轉鼎焙炒機（左圖）及炒食機（右圖）。

7. 真空包裝機

　　如圖 10，真空包裝主要作用為降低氧氣含量，讓產品在長期間貯存時可以有效抑制微生物生長，且能延緩產品氧化，保持產品品質。

※ 注意事項：

- 真空包裝機機型與種類眾多，使用前應了解機器的參數設定，一般設定參數有真空度／真空抽氣秒數、排氣秒數、熱壓封口秒數。
- 每次使用後需清潔包裝槽，且定期更換真空幫浦油。
- 包裝含液體產品需要留意湯汁突沸灑出的問題。

圖 10　真空包裝機。

參、結果與討論

一、實習紀錄

1. 如何正確使用刀具與磨刀棒？
2. 骨鋸的拆裝與清潔。
3. 絞肉機的拆裝與清潔。
4. 擂潰機／攪拌機的拆裝、操作與清潔。
5. 充填機的拆裝、使用與清潔。

二、問題討論

1. 肉品加工器械使用不當皆有對人產生危害的風險，實習中如何降低危害的發生？
2. 食品安全與衛生是重要的課題，如何避免因器具設備導致肉品的汙染？

實習二

肉品加工副原料與添加物介紹

壹、前言

　　肉品加工除了肉類主原料外，副原料與食品添加物也扮演相當重要的角色。依照《食品良好衛生規範準則》（Good Hygienic Practice, GHP）第 3 條定義，副原料是指主原料及食品添加物以外構成成品之次要材料，通常也是食品原料，使用量較無食安疑慮。相反的，食品添加物依據《食品安全衛生管理法》第 3 條之定義：指為食品著色、調味、防腐、漂白、乳化、增加香味、安定品質、促進發酵、增加稠度、強化營養、防止氧化或其他必要目的，加入、接觸於食品之單方或複方物質，其成分通常為化學物質，如未遵照使用範圍及限量暨規格標準則有食品安全的風險，也會違反食安法。適當的使用副原料與食品添加物，有助於提高肉製品的安全性與可接受性，也可穩定製程，因此本單元將介紹肉品加工常用之副原料與食品添加物之功能、使用方式與注意事項。

貳、肉品加工副原料與添加物介紹

一、副原料

1. 食鹽

　　食鹽（氯化鈉）化學式為 NaCl，素有百味之王的美稱，是料理和肉品加工不可或缺的副原料（添加物）。鹽可以增強與改變食物風味，其產生的鹹味是人類味覺呈現的重要特徵之一。此外，鹽亦與人體生理機能的調節有關。目前肉品加工中最常見也最常用的鹽類為精製鹽，除了鹹味以外並無多餘的風味。其他仍有很多用於料理的鹽類如岩鹽、玫瑰鹽等，其鹹度雖沒精製鹽那麼高但本身卻具有獨特的味道。食鹽除了風味外，在肉品加工使用上尚有其他功能，如抑制微生物生長、降低水活性、降低肌肉蛋白質等電點（Isoelectric point, PI）改善保水力、促進肉類嫩化作用。

　• 用途：

　　食鹽的添加除了可增加食品風味外，更可以襯托其他風味的表現，可以起到去

腥、提鮮、解膩的效果。在肉品加工製程中，食鹽有助於萃取肌肉鹽溶性蛋白質，降低肌肉蛋白質等電點，使蛋白質功能性增加，促進肉與水之間的相互作用；在乳化類肉製品中亦提高了肉糜的黏稠度，促進乳化穩定性，改善肉製品的保水能力和質地，並增加其嫩度、彈性及適口性。除此之外，食鹽在乾燥類肉製品中，有助於降低水活性，抑制微生物生長，延長製品貯存期限的作用。

• 建議用量／限定用量：

　　現代人生活越來越忙碌，飲食又講求便利、精緻與美味，食物與加工品中都含有鈉，每日攝取鈉量容易超標。衛福部食藥署訂定的每日鈉參考值為 2000 毫克，攝取過多的鈉容易提高罹患心血管疾病的風險，應酌量使用。一般來說，食鹽在肉製品配方中的用量，依照肉製品種類而有所不同，通常在 2.5% 以下，最多不超過 5%。過量的食鹽可能會造成產品死鹹的情況，而將鹽與糖的比例互相搭配調和，可以得出較為平衡的口味。

> **※ 注意事項：**
> • 鹽的添加比例與風味、色澤、最終產品品質有關。
> • 食鹽等調味料會促進肉製品的脂肪氧化，縮短產品貯存期限。
> • 食鹽容易導致鮮肉退色或者黑變。

2. 糖

　　肉加工製品離不開鹹味與甜味，糖易溶於水，可提供甜味，除了可直接食用外，也常用於烹調及加工肉製品的製作。蔗糖為最普遍使用的甜味添加物，透過工業化量產，產品穩定度高，價格也便宜，種類亦不少，較為常見有：粗糖（二號砂糖／二砂）、白砂糖（細砂）、冰糖、黑糖（紅糖）等。除了蔗糖外，用於肉品加工提供甜味的常見物質尚有：蜂蜜、麥芽糖、葡萄糖、人工甘味劑（甜味劑）、山梨醇（Sorbitol）等。肉品加工時，選用不同種類的糖，在甜度與特性方面皆有些許不同，可因不同性質的加工肉製品，選擇相對應的糖種類。

•用途：

　　肉製品配方中的糖，除了賦予製品甜味外，還可在味覺上與其他調味料產生平衡的效果，亦有助於促進肉製品的鬆軟、增加色澤。尤其是燒烤類製品或者肉鬆、肉乾、肉角等產品，糖的添加在加熱時會產生梅納反應，可增添製品的色澤以及特殊的風味。二砂與白砂糖是肉品加工很常用到的糖類，二砂顆粒較粗，甜度略低於白砂糖，但保留較多的蔗香，兩者使用在肉製品上風味略有差異。此外，糖可以降低凍結點，可防止冰晶越長越大，含糖量高的乾燥製品亦可降低水活性，有助於抑制微生物生長。蔗糖以外的甜味添加劑如山梨醇，除了提供甜味以外，尚有保溼的功能，如添加於香腸、肉乾，有助於改善製品的硬度與多汁性。

•建議用量／限定用量：

　　糖的添加可視產品的需求，一般產品中添加 0.5～3% 就有很好的效果。部分產品像中式香腸往往添加到 10% 左右，肉乾製品更添加高達 20%，肉鬆亦需要添加到 10～12%。

> ※ **注意事項：**
> • 蔗糖類的產品非食品添加物，沒有添加的限量標準，如使用其他甜味劑食品添加物，則需依照《食品添加物使用範圍及限量暨規格標準》作添加。

3. 味精

　　食物要好吃除了鹹甜兩個基本味道外，鮮味（Umami）也是重要的風味之一。食物中的鮮味主要來自於胺基酸與核苷酸等分子，長久以來東、西方料理，都懂得利用發酵的食材來提升食物的美味。鮮味最早是日本的學者提出，並由昆布中發現鮮味物質——味精（味素），即是麩酸鈉（Monosodium glutamate, MSG），又名麩胺酸鈉或谷氨酸鈉。隨後又發現核苷酸與味精有加乘效果，可以降低味精的使用量並維持鮮味。目前普遍使用的味精是由天然的原料，經微生物發酵後精製而得，並非化學合成物質。市面上亦有許多以味精為基礎開發出來的鮮味劑，如高鮮味精、鮮雞粉、雞湯塊等。

• 用途：

味精爲微酸性，易溶於水，適當、合理、正確使用味精可以提升產品風味，穩定產品品質。添加在肉製品中，能有效增加肉製品的鮮味，提升產品可口性。

• 建議用量／限定用量：

早期有不少人對於味精相當反感，但世界衛生組織（WHO）和美國食品藥物管理局（FDA）都已視味精爲安全的成分，在正常使用量下無須擔心。然而，味精含有鈉成分，不宜食用過量。因此，使用時視肉製品種類添加，建議添加量 1% 以內，以 0.25～0.5% 爲宜。

> ※ 注意事項：
> • L- 麩酸鈉（Monosodium L-Glutamate）已被歸類爲食品添加物第 (十一) 類調味劑，使用範圍及限量爲可於各類食品中視實際需要適量使用。

4. 醬油

醬油具有相當悠久的歷史，更是中式料理不可或缺的調味料之一，應用範圍相當廣泛，無論是日常烹調或者肉品加工，醬油的使用對於肉製品的色澤與風味幫助相當大。依照衛生福利部公告「包裝醬油製程標示之規定」，醬油產品應於包裝明顯處依其製程標示「速成」、「水解」、「混合（調合）」或「釀造」字樣。釀造醬油製程較爲複雜，需耗費較多時間，相對成本也較高，製作程序包含將大豆與烘烤過的穀物（小麥）加入水和米麴菌或醬油麴等混合，經過長時間的發酵等待，讓穀物及豆中的特殊香氣被釋放，豆類的獨特濃郁的香氣及其發酵過程中所產生的胺基酸、有機酸等化合物達到一個極佳的平衡，味濃甘醇且帶有鹹味，風味層次豐富，是速成或水解醬油不可比擬的。

• 用途：

由於醬油中含有鹽、多種胺基酸、有機酸、醇類、酯類、香料及色素等多樣且複雜的化合物，可廣泛應用於肉類製品中。市面上醬油的品牌與種類相當多，各家強調的風味亦不盡相同，一般來說肉製品加工大多使用釀造醬油。醬油含鹽量

約 15～20%，在肉製品中可與食鹽、糖配合使用，可以增進肉製品的鮮味並賦予獨特的香氣。醬油於發酵過程中所自然生成的天然色素，對於肉製品具有良好的上色作用，可以使肉製品色澤更為飽滿可口。一般發酵完成的醬油，稱為「生抽」，因其顏色較淡，味道較死鹹，又稱作「淡醬油」，適合用在不需醬色很深的產品上。「老抽」則是將生抽醬油再放置 2～3 個月的熟成，有些會再以焦糖色素調製而成。老抽顏色較深，又稱「深色醬油」，其鹹味、醬色及稠度皆較生抽來得濃郁甘醇。在臺灣市面上幾乎以淡醬油再經調製顏色與風味為主的醬油產品，老抽較為少見。

• 建議用量／限定用量：

醬油具有改善肉製品風味與色澤的效果，與糖混合後經加熱產生梅納反應可再進一步提升風味與色澤。應用在調理醃漬類肉製品建議添加 0.5～2.5%，燒烤類可以添加至 5%，燒滷類則可添加至 10%。

※ 注意事項：
• 各家生產的醬油外觀看起來差異不大，但在配方使用時對於產品的風味與外觀會有所差異，建議配方中的醬油應固定產品使用。

---

5. 酒

中西式很多料理都會使用酒來增加風味，酒主要的成分為酒精（乙醇）。酒的釀造通常以含豐富醣類的原料，如糯米、高粱、小麥、水果等穀物，經糖化後再加入酒麴進行發酵。由於酵母菌發酵時，當酒精濃度到達 12% 以上，便會限制了酵母菌生長繁殖，因此釀造酒之酒精濃度較低，多在 20% 以下。釀造酒再經過蒸餾等繁雜的手續處理即為蒸餾酒，不僅酒精濃度提升，口感、風味與餘韻都變得濃烈。蒸餾酒之酒精濃度通常都在 30、40% 以上，眾所皆知的金門高粱酒就以 58% 的高酒精濃度飄香半世紀。自古以來酒除了飲用外也很常入菜，尤其在中式料理中廣泛被使用。就臺灣而言，最常在料理使用者可分為白酒與黃酒，白酒以米酒、高粱酒最為普遍，黃酒則是紹興酒、花雕酒較為常用。西式料理也會運用如葡萄酒、蘭姆酒（Rum）等進行調味，將產品風味提升至另一個層次。

• 用途：

　　肉製品製作時添加酒類，除了具有去腥的作用，更能凸顯出原料的原始風味，經加熱處理後還可賦予肉製品特殊的香氣。在醃漬的過程中，由於酒具有較低的表面張力，會促進鹽進入肉中的速度，此時肉中的蛋白質會改變其結構，產生膨潤的現象，提升保水性，而使肉質更嫩。此外，酒精能溶解芳香分子，增加它們的釋放，因此能提升產品的風味。

• 建議用量／限定用量：

　　酒精雖然有提升風味的效果，但添加時須考量過多的酒味會搶走其他風味，且伴隨酸味與苦味的產生。因此視產品特性與製程所需酌量添加，如香腸、叉燒、肉乾等製品建議添加 2% 以下。

> ※ **注意事項：**
> • 酒類容易揮發，應於使用前再進行量秤較為準確。

6. 非肉類蛋白質

　　肉製品生產時，常為了使產品具有更佳的質地及多汁性，會在配方中添加非肉類蛋白質來改善製品，提升品質穩定性。目前市面上非肉類蛋白質的產品可分為動物性與植物性兩類，動物性非肉類蛋白質有乳清蛋白粉、乾酪素鈉（Sodium caseinate）、血漿蛋白粉、血漿膠原蛋白粉、蛋清蛋白粉等。植物性非肉類蛋白質則以大豆蛋白粉為主，依照製作方式與蛋白質濃度不同可細分為：大豆蛋白粉（Soy flour），蛋白質含量約 50～65%；大豆濃縮蛋白粉（Soy protein concentrate），蛋白質含量約 65～90%；單離大豆蛋白粉（Soy protein isolate），蛋白質含量約 90% 以上。

• 用途：

　　非肉類蛋白質一般在肉製品中扮演填充劑（Extenders）及結著劑（Binders）的角色，在肉品加工上應用廣泛，特別是重組類、乳化類肉製品，可以有效提升肉漿的乳化穩定性、增加保水性、多汁性、結著能力及凝膠性。在重組肉製品中，非

肉類蛋白質可以提高瘦肉與肥肉結著性，進而穩定肉糜狀態，提高產品的品質及製成率。而在以肉塊製作之產品中，由於非肉類蛋白質良好的保水能力及凝膠特性，有助於降低成品脫水收縮，維持其外觀及水分，並改善組織特性，提高產品質量。在乳化類肉製品如貢丸、火腿、德腸、熱狗等產品中，非肉類蛋白質的功能性更為重要，其吸水吸油的特性可以增加肉漿的黏度，有助於提升擂潰效果，增加肉中鹽溶性蛋白質的萃取，並與脂肪形成穩定的乳化態，產生富有硬度、彈性之凝膠，保留肉製品之水分及油脂，使產品得到良好質地並提升產品的口感。

• 建議用量／限定用量：

　　配方中適當地添加非肉類蛋白質可以穩定產品、提高製成率，且有較佳的口感，建議添加量 0.5～3%，且應酌量添加水分。以常用的濃縮大豆蛋白粉來說，每添加 1% 可最多添加 3% 的水。

※ **注意事項：**

• 非肉類蛋白質如果添加量過多，則會對風味與口感產生不良的影響。

• 澱粉在肉製品中也提供相似的功能性，可考量非肉類蛋白質與澱粉搭配使用。

---

7. 香辛料

　　香辛料可分為香味料（香料，Aromat）與辛味料（辛料，Spice），由植物的部位（如根、莖、葉、花、果實、種子、樹皮等）為原料，以新鮮、乾燥或研製成粉末使用，其獨特的香氣，因植物種類而異。在過去醫學知識匱乏的年代，香辛料包含藥草（Herb）具有消炎殺菌、清熱退火、解毒祛寒、健胃整腸等效果是治療疾病的重要材料，《黃帝內經・太素》記載：「用之充饑謂之食，以其療病謂之藥。」現今醫藥科學發達，香辛料幾乎已不用來治療疾病，反倒是在食物調味、養生保健上被廣泛的應用。香辛料所含成分具有芳香性與揮發性分子，能產生特殊的辛味和香氣，是任何化合物都難以替代的。而根據現行國際標準化組織所認定的香辛料達 70 多種，按國家、氣候、宗教等風土民情的差異，又可以細分為 300 多種。在我們所處的亞洲地區，更是香料生產的大宗，主要生產肉桂、胡椒、肉荳蔻、茴

香、丁香、生薑等。適當的使用香辛料能去除肉類原料的腥羶味，矯正肉品的不適氣味，增添肉製品的各種香氣與滋味。中西式料理皆有常用的香辛料，如大蒜、洋蔥、薑、辣椒、胡椒、肉桂等，亦有調製好的複方香辛料（混合香料），如五香粉、咖哩粉、眾香子粉（Allspice）、辣椒粉、義大利香料等。總而言之，香辛料是肉品加工過程中不可欠缺的副原料之一。

• 用途：

　　幾乎所有的加工肉製品皆需要香辛料調味，可以賦予肉製品色澤及特殊的風味，並抑制可能出現的不良氣味，起畫龍點睛之效。香辛料種類眾多，不少香辛料同時具有不同的功能，因此在分類上不容易整理歸納。現今對於香辛料有不少種分類方式，本書則依其在產品中之作用稍加分類：

分類	常用香辛料
辛辣	辣椒、青蔥、洋蔥、薑、胡椒、蒜頭等。
特殊香氣	肉桂、陳皮、甘草、丁香、八角、肉豆蔻（Nutmeg）、花椒、沙薑（三奈）、月桂葉、孜然（Cumin seed）、茴香（Fennel seed）、胡荽（Coriander seed）等。
香草	九層塔、薄荷、羅勒、迷迭香、鼠尾草、百里香、洋香菜（Parsley）等。
著色	紅椒（Paprika）、薑黃（Turmeric）、番紅花（Saffron）等。
五香粉	八角、茴香、花椒、肉桂、丁香。

備註：孜然（Cumin）、茴香（Fennel）都稱做小茴香，但兩者味道差異頗大。孜然味道很強烈，有特殊風味，用來搭配味道重的肉類如羊肉，或者調製肉乾非常合適。茴香又稱甜茴香，近聞有清淡的柑橘香，嚐起來略有甘草味，味道沒有像孜然那般的強烈，是五香粉的基底之一，有提供平衡與提升層次香的效果。

• 建議用量／限定用量：

　　香辛料可以讓肉製品變得美味，但肉製品的主體還是肉，因此應適量添加使用。香辛料可依據生鮮或者乾燥粉末酌量使用，一般乾燥粉末類香辛料總量以0.5～1%較為合適，當然還需考量產品種類與加工方式進行調整。

※ 注意事項：
• 部分香辛料添加在肉製品中有增加微生物生長的問題，使用在長時間醃漬的產品上需要特別留意。

8. 澱粉

澱粉取自於植物根部或穀粒，在肉製品的生產中普遍作爲增稠劑（Thickener）或填充劑（Extender）使用。天然的澱粉主要可分爲四種來源，分別是薯類澱粉，如馬鈴薯澱粉、木薯澱粉；豆類澱粉，如綠豆澱粉、豌豆澱粉；穀類澱粉，如小麥澱粉、玉米澱粉；蔬菜類澱粉，如馬蹄粉、藕粉。添加澱粉於肉製品中可使產品結構緊密、彈性提升，有助於提升表面光滑性、製成率及切片特性。但天然的澱粉在使用上存在著一些缺點，需要較高溫度與較長加熱時間才能熟化，且熟化後才會形成凝膠產生黏度，但在冷卻時卻會很快變硬或沉澱，影響製品之品質。修飾澱粉便是爲修正天然澱粉的缺點應運而生，將天然澱粉經過化學或酵素處理過後，改變其理化特性，使其不論在冷水或熱水中，皆可在短時間內溶解膨脹，達到黏稠的效果。此外，相較於天然的澱粉，修飾澱粉在黏度、質地及穩定性提升許多，添加在食品中可以增加產品彈性的口感。

• 用途：

在肉製品中適當地添加澱粉，有助於增加製品保水力、結著性，在加熱過程中發生糊化可產生增稠的效果，改善產品的多汁性與組織結構。於德腸、熱狗及火腿等西式肉製品中，天然澱粉有時較無法滿足其加工製程的需求，進而以修飾澱粉取代天然澱粉。修飾澱粉具有較強的持水能力、較低的糊化溫度與良好的乳化性，預熱可產生極高的膨脹度，形成多汁性的膠體，應用於肉製品中可有效改善加工製程中對高溫、高機械作用力及酸鹼變化的加工適應性，並能引入疏水性基團，提高乳化能力，提升最終產品的彈性、多汁性與製成率。此外，修飾澱粉可延緩澱粉老化，有助於延長製品的保存期限。

• 建議用量／限定用量：

適量添加天然澱粉或者修飾澱粉能改善製品品質，提高製成率。在中式香腸、貢丸等製品中建議添加量在 1% 以內，西式肉製品如熱狗、西式香腸、火腿等，建議添加量 3% 以下較爲適宜。

※ 注意事項：
• 肉製品中澱粉的添加量並無限制，但添加過多的澱粉會失去肉類的口感。

二、食品添加物

1. 磷酸鹽

磷酸鹽天然存在於各類食物中，乳、肉、蛋、水產品、蔬果皆有磷酸鹽的存在，其具有穩定體內酸鹼（pH）值及蛋白質的功用。同時磷是人體的必需營養素，是人體中含量僅次於鈣的第二大礦物質。磷酸鹽具有不同的形態，包含正磷酸（Ortho）、焦磷酸（Pyro）、三聚磷酸（Tripoly）及多聚合磷酸（Poly/Meta）等。食品加工上很常使用磷酸鹽，主要目的為保鮮、穩定品質、增加貯存性與降低成本。我國《食品添加物使用範圍及限量暨規格標準》中，磷酸鹽屬第 (七) 類品質改良用、釀造用及食品製造用劑，可使用於各類食品；亦屬第 (十三) 類結著劑，可使用於肉製品及魚肉煉製品。

• 用途：

磷酸鹽可溶於水，添加在原料肉中可以增加 pH 值，且與食鹽有加乘效果，可以強化肉的保水力及結著性，進而增進最終製品的多汁性與柔嫩性，對於製成率的提高亦有些許助益。尤其是乳化類與重組類產品，磷酸鹽可幫助肉中鹽溶性蛋白質的萃取，提高保水力、結著力，增加乳化穩定性以及產品的彈性，同時還具有防止氧化的效果。磷酸鹽種類不同，特性與功能會有所差異，如焦磷酸鹽具較佳金屬螯合能力；三聚磷酸鈉用於肉中能增加黏著性與保水性；而六偏磷酸鈉的功能則較偏重於 pH 值緩衝能力，以及促進蛋白質加熱凝固的功能性。因此，大多數情況下較少單獨使用單一種類磷酸鹽，常會混合多種磷酸鹽使用，目前市面上有數種複合型磷酸鹽商品，可依照肉製品功能性需求選擇添加使用。

• 建議用量／限定用量：

肉品加工中幾乎所有的產品都可以使用磷酸鹽，可依據產品類型、質地要求、加工程序、原料等情況選擇適宜的磷酸鹽種類及添加量。依據我國《食品添加物使用範圍及限量暨規格標準》，磷酸鹽可作為結著劑，肉製品中用量以 3g/kg 以下為限量。複方型磷酸鹽的效果會較使用單獨一種磷酸鹽的效果來得好，一般添加量建議 0.2～0.5%。

2. 亞硝酸鹽／硝酸鹽

　　很早以前人們就知道利用添加製作火藥的硝石（硝酸鉀）來保存肉品、促進肉色與增加風味，後來更了解到硝酸鹽會還原成亞硝酸鹽，其亞硝酸根（NO_2^-）不穩定，會再分解成亞硝基（Nitroso, -NO），可以與肉中肌紅蛋白（Myoglobin, Mb）作用，形成亞硝基肌紅蛋白錯合物（Nitrosomyoglobin, MbNO），讓肉品產生偏粉紅的可口肉色，所以現在都直接添加亞硝酸鹽。亞硝酸鹽除了促進肉品發色外，最主要也是很難取代的功能，就是在肉中可以有效抑制微生物生長，特別是防治致死率高的肉毒桿菌食物中毒效果極佳。而這種以鹽、硝石混合醃漬的肉品加工手法，既可防治食物中毒亦可使醃漬肉具有獨特的風味與肉色，時至今日依舊相當常見。中西式肉製品如香腸、臘肉、火腿、肉乾、熱狗等，或者一些需要醃漬久一點的調理肉品通常都會添加亞硝酸鹽。

• 用途：

　　亞硝酸鹽易溶於水，常見有亞硝酸鈉（$NaNO_2$）、亞硝酸鉀（KNO_2），在我國《食品添加物使用範圍及限量暨規格標準》中，屬第 (五) 類保色劑，為白色結晶體或者粉末，用在肉品中具有還原劑的功能，可與肉中的肌紅蛋白作用，經加熱作用後會形成穩定、鮮豔亮紅色的亞硝基肌紅蛋白錯合物。同類保色劑中還有硝酸鹽，透過自然存在於肉中之硝酸鹽還原酶作用，會還原成亞硝酸鹽，因此有延長亞硝酸鹽作用的效果。硝酸鹽、亞硝酸鹽的強還原性，添加在肉品中具有高反應性，可和許多成分相互反應或進行結合，如胺基、巰基（Sulfhydryl）、酚類化合物、肌紅蛋白和抗壞血酸等，具有作為抗氧化劑的能力，可以延緩脂肪酸敗反應，讓肉維持醃漬肉味。此外，亞硝酸鹽對於肉毒桿菌有絕佳的抑制效果，可以阻斷細菌的酵素活性與能量生成作用，添加在需要較長時間醃漬的肉製品中，可以有效遏止肉毒桿菌生長，對於多種細菌亦具有抑制生長的效果。迄今在肉品加工上，尚無找到同樣具有保色與抑制肉毒桿菌效果的取代物。

• 建議用量／限定用量：

　　亞硝酸鹽雖具有毒性，但添加至肉製品中會分解成亞硝基（-NO），合理使用並無安全疑慮。依據《食品添加物使用範圍及限量暨規格標準》，硝酸鹽、亞硝酸

鹽可使用於肉製品及魚肉製品，用量以 NO_2 殘留量 0.07g/kg（70ppm）以下爲限，因此在醃漬液或肉製品中建議使用量爲 0.05～0.2%（50～200ppm）。

3. 抗氧化劑

抗氧化劑或稱還原劑能防止油脂氧化酸敗，主要是因爲其能提供氫原子給脂肪酸的自由基做結合，使其轉化爲穩定的化合物，迫使自由基的連鎖反應中斷，終止油脂氧化反應。添加在肉製品中，除了抑制脂肪氧化外，抗氧化劑可以將變性肌紅蛋白（Metmyoglobin）還原成還原態肌紅蛋白（Reduced myoglobin）。與亞硝酸鹽一起使用時，有助於生成亞硝基肌紅蛋白錯合物，具有加速反應與縮短醃漬時間的效果，因此也被歸類爲助發色劑。抗壞血酸（Ascorbic acid）、抗壞血酸鈉（Sodium ascorbate）、異抗壞血酸（Erythorbic acid）、異抗壞血酸鈉（Erythorbate）等爲肉品加工常用助發色的抗氧化劑。

• 用途：

肉製品添加抗氧化劑可以加速與強化亞硝酸鹽的發色效果，穩定製品色澤，且可抑制肉品的氧化作用。常用的抗氧化劑有抗壞血酸（維生素 C），即其鈉鹽（抗壞血酸鈉）是一種水溶性抗氧化劑，用於肉製品中具有良好的顏色維持和抗氧化的功能。異抗壞血酸則是維生素 C 的同分異構物，以人工方式合成，氧化速度比維生素 C 更快。雖然使用上的效果並沒有太大的差異，但因其成本較爲低廉，目前較常被使用。此外，肉製品在加工貯藏過程中，會持續發生脂肪氧化，尤其是一些風味物質氧化後會減損肉製品的風味，抗氧化劑的添加有助於風味的維持。依照《食品添加物使用範圍及限量暨規格標準》，抗氧化劑屬於第 (三) 類，肉製品常用抗氧化劑除了抗壞血酸、異抗壞血酸外，還有維生素 E 又稱生育醇（α-Tocopherol），爲脂溶性抗氧化劑，可防止脂溶性成分氧化變質，亦可延長肉品保存時間，改善肉品的色澤。

• 建議用量 / 限定用量：

依據《食品添加物使用範圍及限量暨規格標準》抗壞血酸 / 異抗壞血酸及其鈉鹽，用量以異抗壞血酸（Ascorbic acid）計爲 1.3g/kg 以下，建議添加量在 0.1% 以下。維生素 E 之使用量則以每 300 克食品，總含量不得高於 18mg α- 生育醇當量。

三、本書所使用之副原料與食品添加物

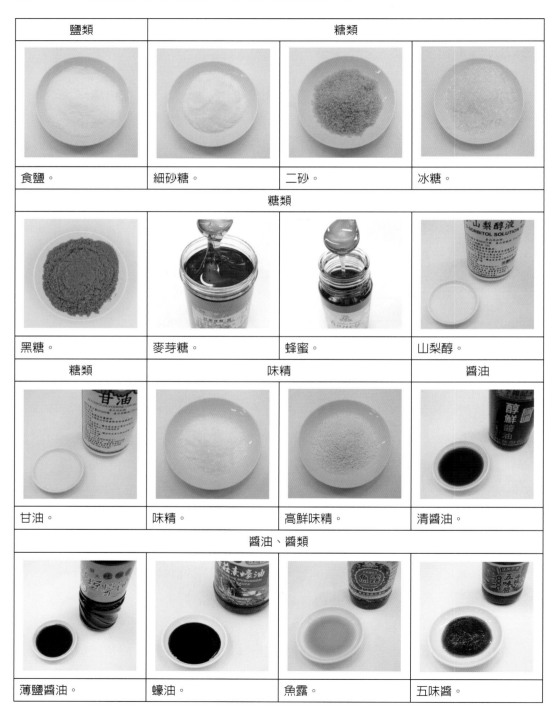

鹽類	糖類		
食鹽。	細砂糖。	二砂。	冰糖。
糖類			
黑糖。	麥芽糖。	蜂蜜。	山梨醇。
糖類	味精		醬油
甘油。	味精。	高鮮味精。	清醬油。
醬油、醬類			
薄鹽醬油。	蠔油。	魚露。	五味醬。

醬油、醬類	酒類		
豆腐乳。	米酒。	高粱酒。	紹興酒。
非肉類蛋白質		香辛料	
大豆蛋白粉。	脫脂奶粉。	蒜頭。	洋蔥。
香辛料			
紅辣椒。	青蔥。	薑。	紅蔥頭。
八角。	花椒。	丁香。	紅棗。

香辛料			
草果。	薰蓼。	沙薑。	桂皮。
甘草。	當歸。	枸杞。	胡椒粒。
五香粉。	甘草粉。	百草粉。	肉豆蔻粉。
三奈粉。	白胡椒粉。	肉桂粉。	孜然粉。

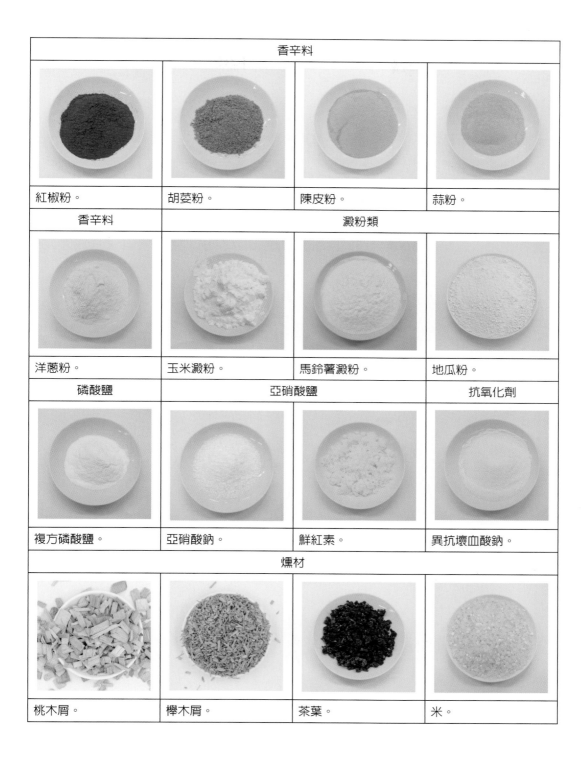

香辛料			
紅椒粉。	胡荽粉。	陳皮粉。	蒜粉。
香辛料	澱粉類		
洋蔥粉。	玉米澱粉。	馬鈴薯澱粉。	地瓜粉。
磷酸鹽	亞硝酸鹽		抗氧化劑
複方磷酸鹽。	亞硝酸鈉。	鮮紅素。	異抗壞血酸鈉。
燻材			
桃木屑。	櫸木屑。	茶葉。	米。

參、結果與討論

一、實習紀錄

1. 認識各種副原料之名稱、成分、外觀與特性並記錄。
2. 記錄加工教室所使用之食品添加物名稱、貯存條件與貯存期限。

二、問題討論

1. 潔淨標章（Clean lable）是現代食品加工的發展趨勢，試討論如何運用在肉製品開發上？
2. 在肉製品使用食品添加物有其必要性，該如何對大眾進行風險溝通？

實習三

雞肉各部位分切

壹、前言

　　肉品加工始於肉原料的利用，適當去骨、分切是肉品加工的第一步。豬肉與雞肉長久以來一直是國人主要的食肉來源。豬肉屠體動輒近百公斤，沒有適當去骨與分切處理很難做後續利用；相較之下，雞隻屠體僅 1～3 公斤重，即使不去骨、分切都可以直接調理。然而，雞隻不同部位之原料肉，厚薄不一、帶骨或者去骨皆會影響加熱條件與方式，且其肉質特性大相逕庭，不同部位肉通常也需要運用不同的加工方式，才能完整顯現其產品特性。豬肉屠體不僅大且部位複雜，需要高度的專業技術才可以完整地進行大分切、去骨、小分切與細部分切，往往需要耗上一段時間的學習與練習，才能學會並掌握分切與去骨技術。雞隻屠體小、部位相對簡單且取得容易，非常適合作為肉品分切的練習材料，因此本單元將詳細介紹雞隻的分切、去骨方式與刀具使用注意事項。

貳、實習材料與器具

材料 ▶▶▶

➢ 雞隻屠體（建議 1.5～2.2kg）

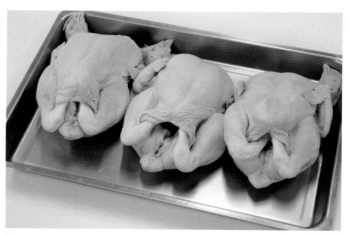

▌ 圖 1　全雞屠體。

器具 ▶▶▶

- ➢ 磅秤
- ➢ 去骨刀（14.5cm）
- ➢ 砧板
- ➢ 磨刀棒
- ➢ 不鏽鋼方盤
- ➢ 鋼盆
- ➢ 手套
- ➢ 剁刀

▊ 圖2　實習所需器具。

參、操作流程

一、雞隻屠體部位認識

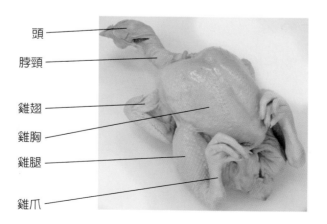

頭
脖頸
雞翅
雞胸
雞腿
雞爪

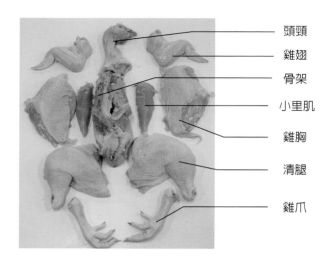

頭頸
雞翅
骨架
小里肌
雞胸
清腿
雞爪

二、分切流程

• 操作要點

1. 選用合適的刀具，正確地持刀與使用磨刀棒。

2. 肉品分切需雙手並用，一手抓住固定、另一手下刀，固定方式、下刀位置與角度是學習的重點。

(一) 清腿

1. 在胸與腿部之間劃開雞皮，避開雞腿與雞胸，朝雞背骨方向切開雞皮並順勢扳開雞腿。

2. 往雞背骨方向劃下一刀後全部扳開雞腿，此時即會出現骨腿與雞背骨連接處白色關節，避開骨頭往關節處切開，刀面平行雞身，邊拉邊切雞腿與雞身連接肌肉即可取下清腿。

3. 重複上述動作取下另一隻清腿。

操作步驟 ▶ ▶ ▶

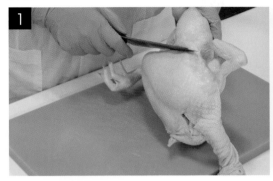

| 劃開腿胸間雞皮。

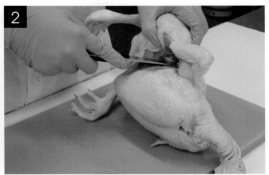

| 往胸腿間下刀,順勢扳開雞腿。

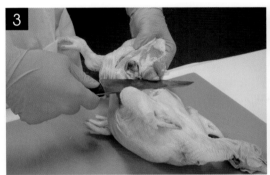

| 往雞背骨下刀順勢切開關節軟骨。

| 邊切邊拉開清腿。

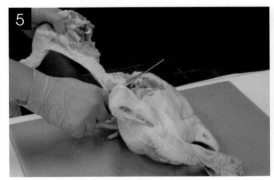

| 最後刀壓雞身,扯下整隻清腿。

| 用同樣的手法取下另一側雞腿。

(二) 骨腿

1. 在胸與腿部之間劃開雞皮，切開雞腿與雞胸連接處。

2. 先用手折斷脊椎，再用刀切開。

3. 先取下雞屁股，再沿中線部分剁開即為兩隻骨腿。

操作步驟 ▶ ▶ ▶

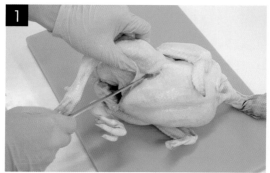

劃開胸腿間雞皮。

切開雞胸與雞腿連接處。

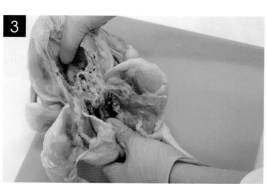
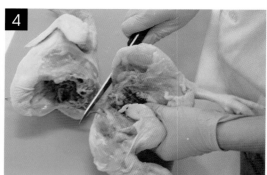

順勢折斷脊椎。

用刀切開腿部。

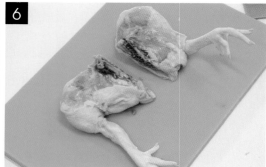

先取雞屁股再用剁刀沿中線剁開。

分切後之骨腿。

(三) 雞爪

1. 找到關節處，避開骨頭切開。

操作步驟 ▶ ▶ ▶

▌ 往關節軟骨處切開。

(四) 胸翅

1. 面對雞胸正中位置劃開雞皮分爲左右兩邊。

2. 沿著雞胸形狀稍微劃刀。

3. 利用刀尖部分往雞翅與雞身部位切開，注意動作不可太大，避免雞胸破損。

4. 刀尖順勢沿著雞身往上劃開，此時就可看見雞翅與雞身連接處白色關節。

5. 避開骨頭切開關節與韌帶，邊拉邊劃開雞胸與雞身連接肌肉即可取下整片翅胸。

6. 雞翅與雞胸連接處劃開即可分開雞翅與雞胸。

操作步驟 ▶ ▶ ▶

 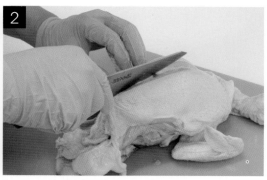

▌ 中間雞皮劃開。　　　　　　　　　▌ 與胸骨相連部分胸肉先劃開。

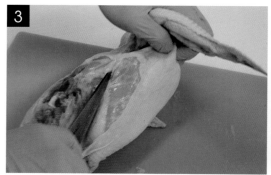

與背骨相連部分胸肉先劃開。

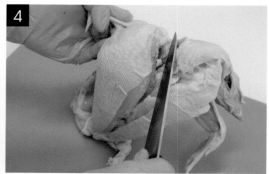

與頸脖相連部分雞皮與肌肉先劃開。

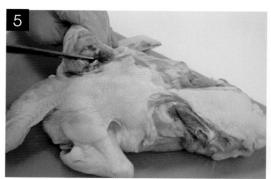

從雞翅雞身關節連接處下刀。

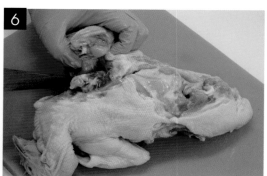

切開雞翅與雞身關節軟骨。

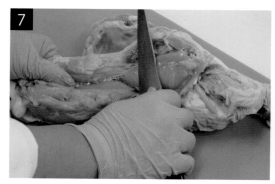

切開連接關節韌帶。

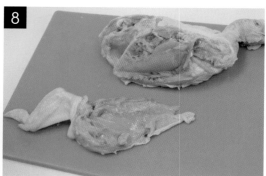

邊切邊拉取下胸翅。

從雞翅與雞胸連接處下刀。

切開即為雞翅與雞胸。

(五) 小里肌

1. 小里肌沿著雞身兩側部分用刀尖各劃一刀即可取下。

操作步驟 ▶▶▶

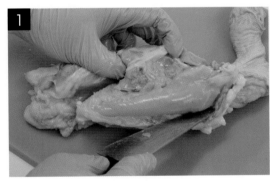

往小里肌一側下刀劃開。

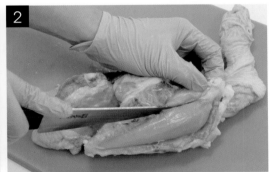

往小里肌另外一側下刀劃開。

邊下刀邊順勢撥開小里肌。

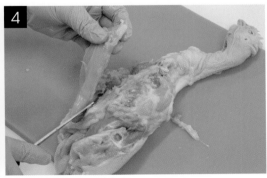

取下完整小里肌。

(六) 頭頸

1. 在頭頸與雞身連接處,可用手折再用刀劃開,或者直接用刀剁開。

操作步驟 ▶▶▶

 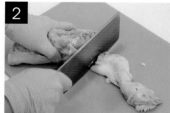 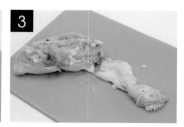

▍ 往頭頸連接處剁開。

(七) 骨腿去骨

1. 折開背骨與腿骨連接處。
2. 將背骨壓在桌面,腿骨 90 度折起,從前端下刀。
3. 沿著背骨往關節方向切入,切至關節處要繞過骨頭。
4. 連接處白色關節全部切開即可用刀壓住背骨,另一手將清腿拉開使之分離。
5. 沿著清腿內側骨頭下方劃出一道深痕。
6. 切開棒腿端肌肉與韌帶,並將棒腿肉扳開。
7. 運用刀尖沿著關節處切開,關節處全部切開即可骨肉分離。

操作步驟 ▶▶▶

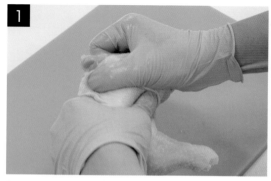

▍ 雙手分別抓住雞腿與背骨。

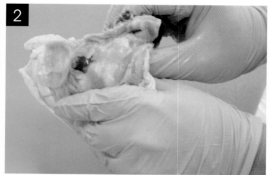

▍ 關節處用力扳開。

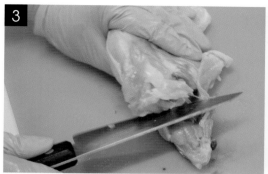

在骨腿前端下刀切開。

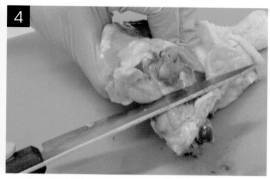

切開關節軟骨。

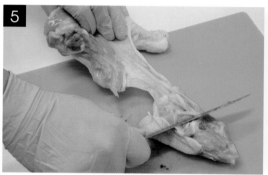

刀壓背骨拉離清腿。

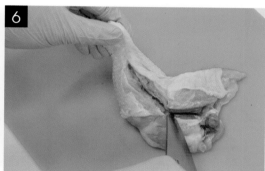

雞腿內側骨頭下方劃一刀。

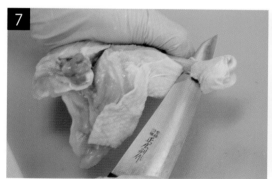

切開棒腿連接處肌肉與韌帶。

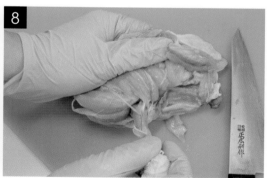

將棒腿肉扳離骨頭。

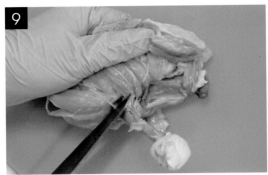

往關節處肌肉與韌帶下刀。

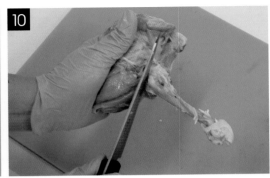

露出關節軟骨，往軟骨處下刀。

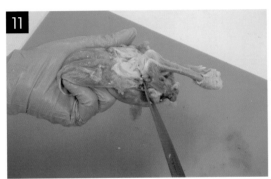

切開白色關節軟骨。

切斷與關節連接的肌肉與韌帶。

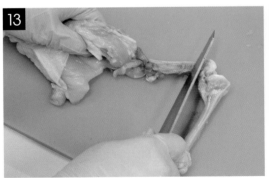

刀壓骨頭拉開腿肉。

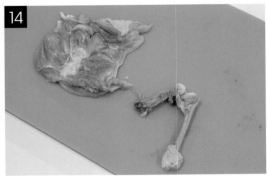

最後切斷骨頭連接的韌帶。

※ **注意事項：**

- 雞隻屠體分切各部位詳細介紹，可以參考中央畜產會網站資料。
- 雞隻大小會影響下刀方式，建議挑選大小適宜比較容易學習操作。
- 初學者建議戴（棉布）手套可以降低被刀劃傷的風險。
- 分切過程中只要下刀位置正確，即可順利取下部位。反之，下刀位置錯誤，往往會切到骨頭，則需要非常費力才可切開，且會造成部位肉損傷。

肆、結果與討論

一、實習紀錄

1. 全雞屠體重量。
2. 各分切部位肉重量。
3. 各分切部位肉所占屠體比例。
4. 將各部位肉依照相對位置擺在一起並拍照記錄。

二、問題討論

1. 經分切與去骨後損失率為多少？精肉率為多少？如何提高製成率？
2. 試著從外觀、色澤、肌肉形態去比較胸肉與腿肉。
3. 比較胸肉與腿肉之調理或者加工方式與產品。

實習四

乳化類肉製品—熱狗

壹、前言

　　熱狗（Hot dog）一詞源自於美國，與狗毫無關係，在現代已是家喻戶曉的美食。熱狗其實就是一種乳化類香腸（Emulsified sausage），可以由牛肉、豬肉、雞肉、火雞肉等，經細切乳化後充填至不可食或者天然腸衣（Casing）中，有些會煙燻或者直接熟化。外觀與香腸相似的熱狗源自於德國法蘭克福（Frankfurt），配方與維也納香腸（Weiner sausage）類似，通常搭配麵包淋上芥末醬、番茄醬、甜辣醬或酸黃瓜醬，在美國很多街上或者棒球場都可以看到這經典美食。目前在國內也是能見度相當高的食物。在肉製品加工丙級技術士技能檢定有熱狗這一道題目，因此本單元採用類似的製程，以一貫攪拌機（立式攪拌機）搭配槳狀攪拌器進行擂潰乳化後，再充填至不可食腸衣，經乾燥發色後以水煮方式熟化。

貳、實習材料與器具

材料 ▶▶▶

➢ 豬後腿肉或前腿肉　　　　➢ 豬背脂　　　　➢ 不可食腸衣

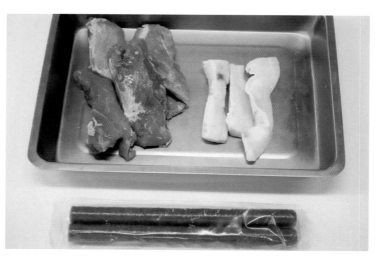

▌ 圖1　豬後腿肉、豬背脂及不可食腸衣。

配方（建議每缸使用 25 倍量）►►►

粉料	原料名稱	百分比（%）	粉料	原料名稱	百分比（%）
	後腿肉	70	4	大蒜粉	0.25
	背脂	30	4	洋蔥粉	0.2
1	鹽	1.5	4	煙燻紅椒粉	0.2
1	磷酸鹽	0.35	4	胡荽粉	0.15
2	味精	0.3	4	肉豆蔻	0.1
2	糖	0.5	4	白胡椒	0.15
2	亞硝酸鈉	0.01	5	馬鈴薯澱粉	2
3	大豆蛋白	1		碎冰	15
3	脫脂奶粉	1			
合計					122.71

器具 ►►►

- ➤ 絞肉機（3～6mm 絞網）
- ➤ 不鏽鋼方盤
- ➤ 筋刀（18cm）
- ➤ 砧板

- ➤ 鋼盆
- ➤ 磅秤
- ➤ 粉料袋
- ➤ 攪拌機（槳狀攪拌器）

- ➤ 溫度計
- ➤ 橡皮刮刀
- ➤ 充填機
- ➤ 湯鍋

圖 2　實習所需器具。

參、操作流程

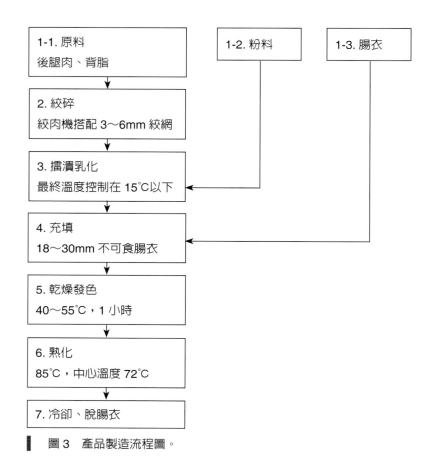

| 1-1. 原料 | 1-2. 粉料 | 1-3. 腸衣 |
| 後腿肉、背脂 | | |

2. 絞碎
絞肉機搭配 3～6mm 絞網

3. 擂潰乳化
最終溫度控制在 15℃以下

4. 充填
18～30mm 不可食腸衣

5. 乾燥發色
40～55℃，1 小時

6. 熟化
85℃，中心溫度 72℃

7. 冷卻、脫腸衣

圖 3　產品製造流程圖。

• 操作要點

1. 原料處理：挑選後腿肉或者前腿肉，去掉筋膜、瘀血，切成適當大小條狀以利後續絞碎。

2. 肉製品乳化程序操作成功的兩個要件：(1) 透過破壞肌肉細胞膜釋放肌纖維蛋白質（充分萃取鹽溶性蛋白質）；(2) 讓脂肪變成小顆粒脂肪球，與蛋白質結合並均勻分散。溫度控制是整個製程的關鍵因素，因此原料在攪打擂潰前建議控制在 −3～0℃，攪打完成時肉漿溫度不宜超過 15℃。

3. 整個操作過程中，肉漿狀態會隨著攪打擂潰時間與粉料的加入而產生變化，每個階段的肉漿狀態即是學習觀察重點。

4. 腸衣充填時注意操作手勢，不要充填太過飽滿。

一、原料與配料處理

1. 瘦肉與脂肪先切成適當大小，再以 3～6mm 網孔之絞肉機絞碎後冷凍控溫備用。
2. 同一分類粉料可以裝在一起混合均勻。

二、擂漬乳化

1. 瘦肉倒入攪拌缸，先以 1 檔攪散後，加入粉料 1 持續以 1 檔攪打。
2. 等瘦肉開始成團時轉 2 檔，打至不會有瘦肉飛出即可轉 3 檔快速攪打。
3. 攪打成肉漿狀態時（約 1 分半）轉回 1 檔加入粉料 2，以 1 檔打至不會有粉塵飛出後，轉 3 檔快速攪打 1 分鐘左右。
4. 看不見約 6 成紅色瘦肉塊時加入粉料 3，以 1 檔攪打 10 秒左右加入 1/3 碎冰，再攪打 10 秒左右待冰水被吸收時轉 3 檔快速攪打。
5. 攪打至看不見紅色瘦肉塊時（約 1～3 分鐘），停機轉 1 檔，加入粉料 4，以 1 檔打至不會有粉塵，加入脂肪以 1 檔攪打 10 秒左右，轉 3 檔攪打至看不見白色脂肪。
6. 轉 1 檔，分兩次加入冰水與粉料 5：粉→水→粉→水（粉看不見後加冰水，冰水看不見後加粉）。最後以 3 檔快速攪打 10～30 秒。

> ※ 注意事項：
> • 加入粉料 3 後，每次停機刮缸時，要測一下溫度，脂肪加入前肉漿溫度盡量控制在 10℃內。
> • 最終肉漿的溫度不宜超過 15℃，惟需注意溫度過低不利乳化。

操作步驟 ▶▶▶

瘦肉倒入攪拌缸，以 1 檔攪散。

加入粉料 1 持續以 1 檔攪打。

等瘦肉開始成團時轉 2 檔攪打。

攪打至不會有瘦肉飛出即可轉 3 檔。

成肉漿狀態時加入粉料 2。

以 1 檔打至粉料被吸收，停機刮缸。

轉 3 檔攪打至看不見 6 成紅色肉塊。

轉 1 檔加入粉料 3。

以 1 檔攪打至粉料被吸收。

加入 1/3 碎冰，攪打至冰水被吸收。

刮缸測量溫度，控制不宜過高。

快速攪打至看不見紅色瘦肉塊。

加入粉料 4 低速攪拌至粉料吸收。

加入脂肪並量測肉漿溫度。

快速攪打至看不見白色脂肪。

量測溫度（控制在 12°C內）。

加入一半粉料 5。

粉料吸收後加冰水。

加入剩餘粉料 5。

再加冰水，快速攪打至均勻。

起鍋前量測溫度。

最終完成之熱狗肉漿。

三、充填

1. 將乳化完成之肉漿放入充填機中，盡量整平排出空氣。

2. 依據腸衣尺寸（18～30mm）挑選合適充填管徑。

3. 整型、分節（每節長度控制 12～14cm）。

4. 置於乾燥機中發色 1 小時（溫度 40～55℃）。

操作步驟 ▶▶▶

將肉漿放入充填機中，盡量整平。

充填管套上腸衣，先排出空氣。

以手捏住腸衣，灌入肉漿。

一手握住機器，另一手轉動把手。

中間處對摺。

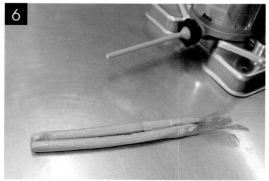

對摺處旋轉 3～5 圈。

固定長度分節。

取一邊穿過分節段。

拉出後整平。

乾燥機中發色。

四、熟化

1. 以 85℃ 左右溫度水煮，當熱狗中心溫度達 72℃ 時取出。

2. 以冰水冷卻，去除腸衣。

3. 如果想要煙燻增加風味，可以將熱狗置放於網架上，室溫靜置 30 分鐘後，煙燻 20～40 分鐘（煙燻機參數：65℃ 發煙 20 分鐘）。

※ 注意事項：

- 瘦肉部分可用豬前腿肉取代豬後腿肉，惟使用前腿肉時，瘦肉與背脂應調整為 75：25。

- 使用一貫攪拌機搭配槳狀攪拌器，其乳化效果與細切機仍然有段差距，因此如果肉漿溫度仍在控制內，盡量多攪打。
- 可以使用天然腸衣或者膠原蛋白腸衣充填，搭配煙燻處理，口感與風味更佳。

操作步驟 ▶▶▶

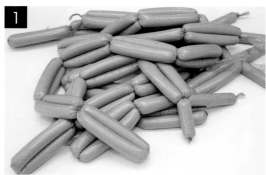

發色完成後準備熟化。

水煮（85℃）至中心溫度達 72℃。

以冰水冷卻。

冷卻後準備去除腸衣。

剪開腸衣前端。

將熱狗推出腸衣。

脫除全部腸衣。

熱狗成品。

肆、結果與討論

一、實習紀錄

1. 原料溫度。

2. 乳化時間。

3. 乳化後完成時之肉漿中心溫度。

4. 產品總重量與製成率。

5. 產品拍照記錄並進行品評分析。

二、問題討論

1. 如何避免乳化崩解、油脂分離？

2. 試討論結著劑（Binder）在乳化類製品中扮演的角色。

實習五

乳化類肉製品—貢丸

壹、前言

　　貢丸是以畜肉、禽肉或畜肉混合禽肉為原料，經細碎成漿（乳化）後，成型、水煮加熱至中心溫度達 72℃以上、冷卻、包裝等過程而製成者。其原理是瘦肉添加鹽，經捶打以萃取鹽溶性蛋白質後，再加入脂肪形成安定乳化態肉漿，手捏或者機器成型後加熱定型而成。貢丸早期是新竹的特產，傳統的製造方式選用溫體豬的後腿肉，使用木棒捶打成肉漿，捶打的動作，閩南話的發音為「摃」，就將製成的丸子統稱為「摃丸」。貢丸製作的原理與乳化類熱狗或香腸類似，業界更有開發製作貢丸專用的捶打機、打漿機與擂潰機，亦有使用細切機與攪打機方式生產製作。本單元將以一貫攪拌機（立式攪拌機）搭配槳狀攪拌器方式介紹貢丸製程與注意事項。

貳、實習材料與器具

材料 ▶ ▶ ▶

➢ 豬後腿肉　　　　　　　　➢ 豬背脂

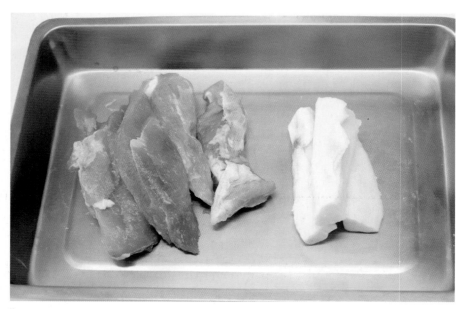

▎圖 1　豬後腿肉及背脂。

配方（建議每缸使用 25 倍量）▶▶▶

粉料	原料名稱	百分比（%）	粉料	原料名稱	百分比（%）
	後腿肉	75	3	高鮮味精	1
	背脂	25	3	砂糖	2.5
1	食鹽	1.4	3	白胡椒粉	0.2
1	磷酸鹽	0.35	4	馬鈴薯澱粉	1
2	大豆蛋白	1.1		冰水	3
	合計				110.55

器具 ▶▶▶

- ➤ 絞肉機（3～6mm 絞網）
- ➤ 不鏽鋼方盤
- ➤ 筋刀（18cm）
- ➤ 砧板
- ➤ 鋼盆
- ➤ 磅秤
- ➤ 粉料袋
- ➤ 攪拌機（槳狀攪拌器）
- ➤ 溫度計
- ➤ 橡皮刮刀
- ➤ 碗、湯匙
- ➤ 湯鍋

▎圖 2　實習所需器具。

參、操作流程

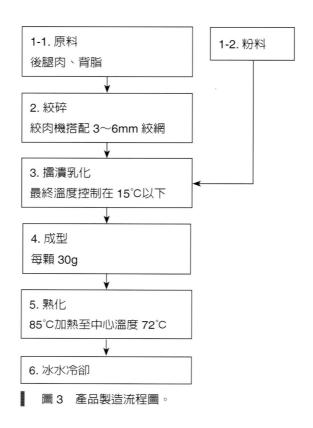

圖 3　產品製造流程圖。

・操作要點

1. 原料處理：挑選後腿肉，將筋膜、瘀血、軟骨、韌帶去除乾淨，切成適當大小條狀以利後續絞碎。

2. 擂潰乳化過程需注意溫度控制，原料在攪打擂潰前建議控制在－3～0℃，攪打完成時肉漿溫度不宜超過 15℃。

3. 乳化完成的肉漿可先放置冷凍庫，每次取一些出來成型。操作時要迅速確實，避免肉漿一直停留在手掌中，導致溫度過高，乳化崩解。

4. 貢丸的成型需要有捏擠的過程，再用湯匙整成圓形。很多初學者往往只做到捏沒做到擠的動作，外觀雖然已整成圓形，但水煮後無法形成完整光滑的貢丸。

5. 熟化後的貢丸以冰水冷卻快速降溫有助於微生物的控制，亦能增加貢丸的彈性與脆感。

一、原料與配料處理

1. 瘦肉與脂肪先切成適當大小，再以 3～6mm 網孔之絞肉機絞碎後冷凍控溫備用。
2. 同一分類粉料可以裝在一起混合均勻。

二、擂漬乳化

1. 瘦肉倒入攪拌缸，先以 1 檔攪散後，加入粉料 1 持續以 1 檔攪打。
2. 等瘦肉開始成團時轉 2 檔，打至不會有瘦肉飛出即可轉 3 檔。
3. 看不見約 6 成紅色瘦肉塊時加入粉料 2，以 1 檔攪打 10 秒左右加入碎冰，再攪打 10 秒左右轉 3 檔快速攪打。
4. 攪打至看不見紅色瘦肉塊時（約 1～3 分鐘），停機轉 1 檔，加入粉料 3，以 1 檔打至不會有粉塵，加入脂肪以 1 檔攪打 10 秒左右，轉 3 檔攪打至看不見白色脂肪。
5. 轉 1 檔加入粉料 4，攪打約 10 秒後，以 3 檔快速攪打 10～30 秒。

※ **注意事項：**

• 加入粉料 2 後，每次停機刮缸時，要測一下溫度。脂肪加入前，肉漿溫度盡量控制在 10℃內。

• 最終肉漿的溫度不宜超過 15℃，惟注意溫度過低不利乳化。

操作步驟 ▶▶▶

瘦肉倒入攪拌缸，先以 1 檔攪散。

加入粉料 1 持續以 1 檔攪打。

等瘦肉開始成團時轉 2 檔攪打。

不會有瘦肉飛出即可轉 3 檔。

看不見約 6 成瘦肉塊，加入粉料 2。

以 1 檔攪打至粉料吸收。

加入碎冰後再攪打至冰水被吸收。

快速攪打至看不見瘦肉塊。

溫度控制於 10℃內。

加入粉料 3。

粉料吸收後加入脂肪。

脂肪稍作攪拌後量測溫度。

以 3 檔攪打至看不見白色脂肪。

轉 1 檔加入粉料 4。

粉料吸收後，快速攪打 10～30 秒。

最終之貢丸肉漿溫度在 15℃以內。

三、成型

1. 準備一鍋 60℃左右熱水。

2. 磅秤先以碗和湯匙扣重。

3. 左手抓起適量肉漿，以捏擠方式將肉漿從手掌往虎口處擠出。

4. 控制每顆丸子重量為 30g 左右，以湯匙挖取成型的丸子，放入熱水中定型。

5 成型後的貢丸再以 80～85℃熱水熟化至貢丸中心溫度達 72℃。

6. 將煮熟之貢丸移至冰水降溫冷卻。

※ 注意事項：

- 豬前腿肉除了脂肪較高外，筋腱亦多，不建議用來取代後腿肉製作貢丸。

- 本配方未使用肉精等添加物，原料的新鮮度決定最終產品風味，尤其是脂肪的新鮮度影響更甚。

- 貢丸成型時重點在於肉漿需要擠壓紮實，如果沒有擠壓紮實，水煮時就會變形。

- 初學者在學習擠壓貢丸時會較花時間，建議攪打完成的肉漿可先存放冷凍庫，再分批取出成型。

操作步驟 ▶ ▶ ▶

磅秤先扣重。

左手抓起適量肉漿。

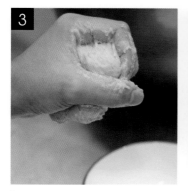

將肉漿捏擠出虎口。

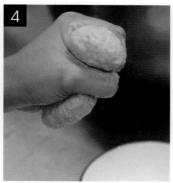

握緊拳頭將肉擠出。

用拇指與食指擠斷。

以湯匙挖取成型。

控制重量 30g 左右。

放入熱水定型。

以 85°C熱水熟化至中心溫度 72°C。

熟化之貢丸立即以冰水降溫冷卻。

貢丸成品。

肆、結果與討論

一、實習紀錄

1. 原料肉溫度。

2. 乳化後肉漿溫度。

3. 打漿時間。

4. 產品總重量與製成率。

5. 挑選形狀不良產品，記錄並計算不良率。

6. 產品拍照記錄並進行品評分析。

二、問題討論

1. 貢丸是屬於 O/W（Oil in water）乳化類煉製品，試討論影響乳化品質的因素。

2. 本實習產品與市售貢丸在口感與風味皆有差異，試討論其可能原因。

實習六

乳化類肉製品—德式香腸

壹、前言

　　世界各地都有將原料肉混合其他配料、香料，再充填至羊腸或者豬腸的產品，這類產品統稱香腸（Sausage）。香腸亦是國人喜愛的食物之一，我們習慣稱之為中式香腸。德式香腸或稱西式香腸、歐式香腸，是臺灣區別傳統中式香腸的名稱。實際上，國內外雖然都有稱為香腸的產品，但無論是配方、作法或者口味都差異相當大，即使僅德國當地所生產的香腸也有數百種之多。德國當地所生產的香腸很少單獨使用豬肉製作，多數都會搭配牛肉。國內常見的德式香腸則以豬肉為主，大多使用歐洲常用的香料如 Nutmeg（豆蔻）、Coriander（胡荽）、Parsely（洋香荽），搭配蒜粉、洋蔥粉、薑粉、白胡椒粉等進行配方，再以細切乳化機（Silent cutter）製作而成。各家風味雖然相似，但從產品標示的內容可以發現配方差異相當大。本單元所介紹的德式香腸將以細切乳化機製作，以膠原蛋白腸衣充填，搭配煙燻機進行乾燥、煙燻與熟化。

貳、實習材料與器具

材料 ▶▶▶

➢ 豬後腿　　➢ 豬頰肉（Jowl）　　➢ 豬背脂　　➢ 天然腸衣或膠原蛋白腸衣

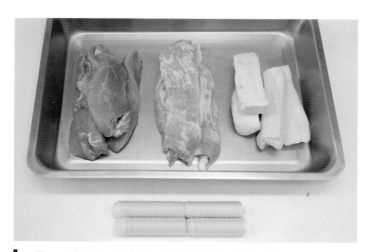

▌ 圖 1　豬後腿、豬頰肉、豬背脂及膠原蛋白腸衣。

配方 ▶▶▶

粉料	原料名稱	百分比（%）	粉料	原料名稱	百分比（%）
	後腿肉	70	3	馬鈴薯粉	0.5
	豬頰肉（Jowl）	10	4	黑胡椒粗粒	0.2
	背脂	20	4	黑胡椒	0.3
1	食鹽	1.45	4	肉荳蔻粉	0.05
1	磷酸鹽	0.35	4	胡荽粉	0.05
2	高鮮味精	0.5	4	蒜粉	0.3
2	異抗壞血酸鈉	0.1	4	三奈粉	0.05
2	亞硝酸鈉	0.01		碎冰	15
3	大豆蛋白	0.5			
合計				119.36	

器具 ▶▶▶

➤ 絞肉機（6～8mm 絞網）　　➤ 鋼盆　　➤ 溫度計

➤ 不鏽鋼方盤　　➤ 磅秤　　➤ 刮刀

➤ 筋刀（18cm）　　➤ 粉料袋　　➤ 充填機

➤ 砧板

▋ 圖2　實習所需器材。

參、操作流程

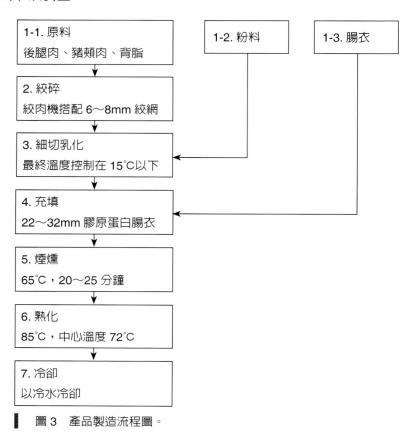

┃ 圖3　產品製造流程圖。

• 操作要點

1. 原料處理：挑選後腿肉，將筋膜、瘀血、軟骨、韌帶去除乾淨，豬頰肉淋巴去除乾淨，與背脂切成適當大小條狀或者塊狀以利後續絞碎。

2. 操作細切機時，進程相當快，操作步驟要先記熟，避免進行中手忙腳亂，如果時間允許可以將原料肉與配料先行混合醃漬。

3. 冰水的使用主要是考量原料肉溫，肉溫低時碎冰比例可以少一些，反之溫度高則需增加碎冰的比例，但整體肉漿控溫還是要以原料肉爲主、碎冰爲輔。

4. 充填時不要將腸衣充填過於紮實，會導致後續操作時香腸容易破裂。

5. 使用天然腸衣需要先進行乾燥才能煙燻上色，膠原蛋白腸衣則可以直接煙燻。

6. 蒸煮後的香腸需要灑水或者泡水降溫，防止外表皺褶或龜裂。

一、原料與配料處理

1. 後腿肉可以先切成適當大小，依序加入粉料 1、粉料 2、粉料 4 混合均勻，真空包裝後冷藏醃漬 1～3 天。也可忽略此步驟，直接將瘦肉、豬頰肉與脂肪以 6～8mm 網孔之絞肉機絞碎。

2. 準備配料，同一分類粉料可以裝在一起混合均勻。

▌ 圖 4　將同一分類配料裝入袋中，緊捏袋口混合搖盪均勻。

二、細切乳化

1. 細切機可以先以冰塊降溫後移除冰塊。

2. 加入瘦肉與一半的豬頰肉，啟動低速轉刀與轉盤。

3. 先加入粉料 1，再加入 1/2 冰水，啟動高速轉刀與轉盤。

4. 細切至看不到明顯肉塊時，轉回低速加入所有粉料。

5. 加入剩餘冰水，待看不到明顯粉末與冰水時，啟動高速轉刀與轉盤。

6. 細切至乳化均勻（肉漿會呈現光滑狀）停機，加入剩餘豬頰肉與脂肪。

7. 細切均勻即可下料。

操作步驟 ▶▶▶

細切機先以冰塊降溫後移除冰塊。

均勻加入瘦肉與一半的豬頰肉。

啓動轉刀與轉盤，加入粉料 1。

再加入 1/2 冰水。

啓動高速轉刀與轉盤。

以刮板抵住盤底，增加細切均勻度。

看不到明顯肉塊時，轉回低速檔，依序加入所有粉料與剩餘冰水。

待看不到明顯粉末與冰水時，啟動高速轉刀與轉盤。

細切至乳化均勻（肉漿會呈現光滑狀，手沾水後摸肉漿不沾黏）停機。

均勻加入剩餘豬頰肉與脂肪。

細切至均勻。

細切完成，肉漿倒置不落下。

三、充填

1. 將乳化完成之肉漿放入充填機中，盡量整平排出空氣。

2. 依據腸衣尺寸（22～32mm）挑選合適充填管徑。

3. 整型、分節（每節長度控制 12～14cm）。

操作步驟 ▶▶▶

肉漿放入充填機盡量整平。

手捏緊腸衣口，擠出一段肉漿。

放開前端開始充填。

每節長度控制 12～14cm。

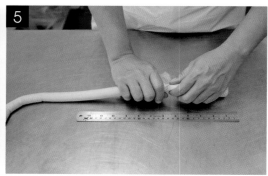

先以右手固定，左手旋轉分節。

再以左手固定，右手旋轉分節。

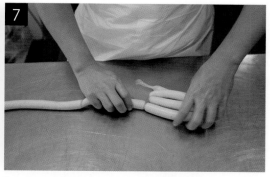

同樣手法與前次反方向旋轉分節。

重複上述動作（左手固定，右手一順一反進
行分節）。

以桿子將德腸掛起。

四、乾燥煙燻熟化

1. 以 60℃乾燥 5 分鐘。

2. 以 65℃乾燥 20 分鐘（膠原蛋白腸衣可省略此步驟）。

3. 以 65℃煙燻 20 分鐘。

4. 以 85℃、95%，熟化至中心溫度 72℃。

5. 噴水降溫或者直接泡冷水降溫。

操作步驟 ▶▶▶

插入中心溫度探針。

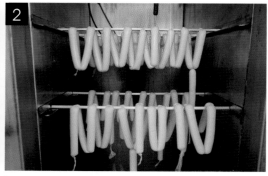

最後確認德腸間無重疊。

以上述條件乾燥、煙燻及熟化。

煙燻完成。

泡入水中冷卻。

德腸成品。

※ **注意事項：**

• 如果沒有豬頰肉（Jowl），可以用五花肉（Belly）取代，或者將豬後腿肉與背脂調整為 75：25。

• 細切機操作時間短，升溫相當快，要留意最終溫度不可超過 15℃。

• 本產品建議使用羊腸衣或者膠原蛋白腸衣，如不容易取得，可以用豬腸衣取代，且羊或豬腸衣在操作上比較適合初學者。

• 如果沒有煙燻蒸煮機，可先將香腸以 45～60℃乾燥 30～60 分鐘，主要讓外表觸摸時乾燥，如果使用膠原蛋白腸衣則可省略此步驟。經煙燻 20～40 分鐘後，以 85℃熱水煮至中心溫度 72℃，再用冷水降溫。

肆、結果與討論

一、實習紀錄

1. 原料肉溫度。
2. 乳化後肉漿溫度。
3. 細切乳化時間。
4. 最終產品秤重，計算總製成率。
5. 產品拍照記錄並進行品評分析。

二、問題討論

1. 收集臺灣市場上常見的德式香腸，彙整與討論其配方差異。
2. 試討論配方使用燻劑／液與製程使用煙燻在外觀與口味上之差異。

實習七

顆粒香腸類—中式香腸

壹、前言

　　香腸在臺灣已有相當長的歷史，幾乎是臺灣人從小吃到大的食物，也是各地市場、夜市、商圈一定會有的臺灣小吃。為區隔日漸普及的西式香腸，就以中式香腸來作稱呼，但在臺灣提到香腸，大家所想到的一定就是臺灣味濃郁的中式香腸。中式香腸主要以豬肉為原料，加入臺灣產的黃酒（紹興酒）或者白酒（米酒、高粱酒），搭配偏甜的口味，孕育出獨特風味的臺灣香腸。炭烤與煎煮為中式香腸的主要烹煮方式，大量的糖在烤或煎時，會產生梅納反應，結合肉桂粉、五香粉等中藥材，就產生中式香腸的特有風味。早期的香腸以常溫貯存為主，必須添加多量的糖和鹽降低水活性，再搭配日晒風乾降低水分含量，因此口味比較重，口感也會變得紮實偏硬。近年來，大家比較接受冷藏、冷凍香腸，製作時就可以縮短乾燥時間，不需要降低太多水分含量，香腸也就變得鮮嫩多汁，更受消費者的青睞。中式香腸的製作包含攪拌、醃漬、充填、乾燥；製程其實很簡單，重點在於配方的設計與醃漬入味。本單元就以大家熟悉的風味作示範，詳細介紹中式香腸製程。

貳、實習材料與器具

材料 ▶▶▶

- ➤ 豬後腿肉
- ➤ 豬背脂
- ➤ 豬腸衣

▌　圖1　豬後腿肉、豬背脂及豬腸衣。

配方 ▶▶▶

粉料	原料名稱	百分比（%）	粉料	原料名稱	百分比（%）
	後腿肉	75	3	米酒	1
	背脂	25	3	高粱酒	1
1	食鹽	1.3	4	味精	0.9
1	磷酸鹽	0.3	4	肉桂粉	0.2
2	二砂	11.2	4	甘草粉	0.2
2	異抗壞血酸鈉	0.1	4	五香粉	0.25
2	亞硝酸鈉	0.01	4	白胡椒粉	0.25
3	冰水	3	4	大豆蛋白	0.5
	合計				130.2

器具 ▶▶▶

- ➢ 不鏽鋼方盤
- ➢ 鋼盆
- ➢ 筋刀
- ➢ 砧板
- ➢ 磨刀棒
- ➢ 絞肉機（8～10mm 絞網）
- ➢ 秤料皿
- ➢ 粉料袋
- ➢ 橡皮刮刀
- ➢ 充填機
- ➢ 針刺

▍圖 2 實習所需器具。

參、操作流程

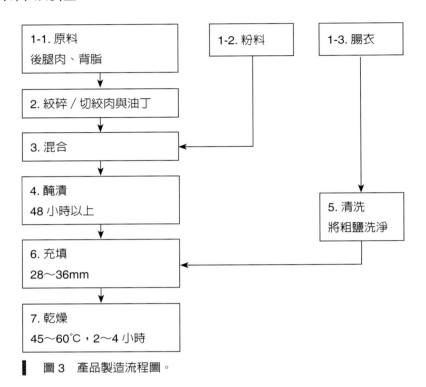

圖3 產品製造流程圖。

• 操作要點

1. 原料處理：挑選後腿肉或者前腿肉，去除筋膜、瘀血，切成適當大小條狀以利後續絞碎。

2. 背脂以切丁的方式所製成的香腸，比較不會有出油的問題。建議初學者採用背脂切丁的方式，既可訓練刀工，做出的香腸品質也較佳。

3. 腸衣可以先浸泡再清洗，也可以直接清洗。清洗時要將一端以手固定住，用另外一手五指抓洗腸衣。

4. 豬腸衣較有彈性，因此灌腸時需要注意粗度掌控，盡量讓粗度大小一致。

5. 本書介紹的腸衣打結方式雖然比較花時間，但成品會有較佳的外觀。

一、原料與配料處理

1. 腿肉去筋膜，與背脂都切成適當大小。

2. 腿肉使用絞肉機（8～10mm）絞碎。

3. 背脂手切成 3～5mm 大小油丁顆粒。

4. 同分類粉料可以先混合均勻。

二、攪拌

1. 先將瘦肉放入攪拌機內，油丁可以先置於冷凍庫備用。

2. 依序加入粉料 1、粉料 2、粉料 3。

3. 分次加入粉料 4 攪拌均勻後再加入油丁混合。

4. 冷藏醃漬 48 小時以上。

操作步驟 ▶▶▶

將同類粉料倒入粉料袋中。

捏緊袋口將粉料搖盪均勻。

後腿絞肉倒入混合機中。

加入粉料 1。

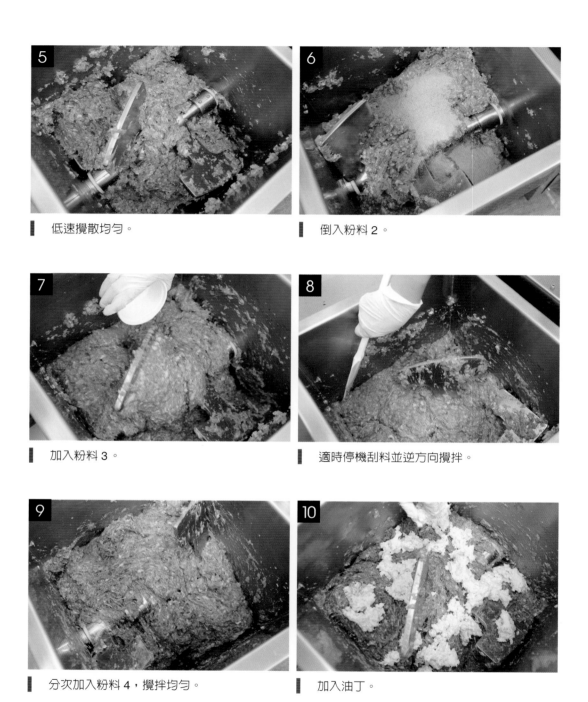

5 低速攪散均勻。

6 倒入粉料 2。

7 加入粉料 3。

8 適時停機刮料並逆方向攪拌。

9 分次加入粉料 4，攪拌均勻。

10 加入油丁。

低速攪拌均勻。

冷藏醃漬 48 小時以上。

三、充填

1. 腸衣先泡水 6 小時後以流水抓洗乾淨至無黏液。

2. 亦可直接以流水抓洗乾淨至無黏液。

3. 將醃漬後原料放入充填機中，盡量整平排出空氣。

4. 挑選合適充填管徑進行充填。

5. 整型、分節（每節長度控制 12～14cm）。

6. 可以用牙籤或者針刺將腸衣內的氣泡移除。

腸衣處理操作步驟 ▶ ▶ ▶

腸衣先泡水浸潤。

抓洗清淨粗鹽及黏液。

清洗完成之腸衣。

可將腸衣分別穿入鐵筷中備用。

香腸充填操作步驟 ▶▶▶

香腸料放入充填機中。

挑選合適充填管徑並套入腸衣。

手捏住腸衣口，先充填一小段。

手輕微抵住腸衣持續充填。

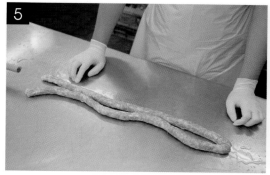

對折處旋轉分節。

分節長度 12～14cm 處捏緊。

旋轉分節。

取一端穿過分節段。

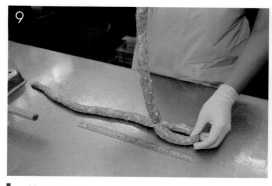

拉出後整平。

灌好後針刺有氣泡的地方。

四、乾燥

1. 以吊掛方式放入烘箱乾燥。

2. 建議兩段式乾燥，第一段使用 45～50℃，乾燥 1～2 小時。

3. 回溫 30 分鐘，待腸衣表面溼潤時，再以 50～60℃乾燥 1～2 小時。

4. 可以使用溫度計監測香腸中心溫度，只要控制在 38℃以下，香腸不容易出油。

5. 乾燥後取出包裝。

※ 注意事項：

• 香腸原料除了後腿肉外，亦可以使用前腿肉或者碎肉製作，只是需要注意瘦肉與脂肪的比例。

• 製作香腸的背脂與最終成品出油有關，尤其使用絞肉機處理的背脂，在攪拌前盡量保持低溫；乾燥時亦要嚴密監控香腸中心溫度，避免溫度過高出油。

• 如果沒有拌肉機，可以使用烘焙用的一貫攪拌機，搭配槳狀攪拌器低速攪拌，惟需要注意配方中水分不宜太低，且拌入背脂時不可攪拌過久，否則容易導致最終產品出油。

• 香腸乾燥程度與最終產品風味有關，可以試著找出喜愛的乾燥狀態。

操作步驟 ▶ ▶ ▶

将香腸吊掛放入烘箱。

於香腸中插入中心溫度探針。

45～50℃乾燥 1～2 小時。

取出回溫並解開打結。

重新吊掛再放入烘箱。

接上中心溫度探針。

50～60℃乾燥 1～2 小時後的成品。

熟化後成品。

肆、結果與討論

一、實習紀錄

1. 原料攪拌混合時間。

2. 攪拌混合後溫度。

3. 乾燥前重量。

4. 乾燥溫度與時間。

5. 最終產品重量，計算總製成率。

6. 產品進行品評分析。

7. 可以設計不同的乾燥程度，比較最終產品差異。

二、問題討論

1. 亞硝酸鈉是中式香腸重要的成分，試討論其添加的必要性。

2. 如果要製作無亞硝酸鹽香腸，該如何設計製程？

3. 如果產品出油，試著找出原因。

實習八

乾燥類肉製品—肉乾

壹、前言

　　肉乾可以算是相當古老的肉製品，利用乾燥的方式降低水分含量以控制微生物生長，讓不易取得的肉類，得以延長保存避免腐敗。在缺乏冷藏、冷凍設備的年代，是效果極佳的肉品保存技術。現代已經沒有貯存生鮮原料肉的困難，肉乾產品也轉型為可以便利攜帶、隨時享用的休閒食品。在臺灣，肉乾產品同樣也是相當普遍的肉製品，主要以牛肉和豬肉為原料，口味眾多外，製作方式也很多元。本單元所示範的肉乾，是以豬後腿肉為原料，經絞碎再重組成型，乾燥後再烘烤而成。

貳、實習材料與器具

材料 ▶▶▶

➢ 豬後腿肉

▌ 圖1　豬後腿肉。

配方 ▶▶▶

粉料	原料名稱	百分比（%）	粉料	原料名稱	百分比（%）
	豬後腿肉	100	4	高鮮味精	0.5
1	磷酸鹽	0.3	4	肉桂粉	0.1
1	食鹽	1.3	4	蒜粉	0.2
2	亞硝酸鈉	0.01	4	洋蔥粉	0.1
2	二砂	18	4	黑胡椒粗粒	0.15
2	異抗壞血酸鈉	0.1	4	紅椒粉	0.15
3	魚露	0.3	5	甘油	1.5
3	醬油	1	5	山梨醇	2
3	米酒	1			
	合計			126.71	

器具 ▶▶▶

➢ 不鏽鋼方盤

➢ 鋼盆

➢ 攪拌機（槳狀攪拌器）

➢ 橡皮刮刀

➢ 刀子

➢ 磨刀棒

➢ 絞肉機（8～10mm 絞網）

➢ 磅秤

➢ 粉料袋

➢ 秤料皿

➢ 餅乾模

➢ 刷子

➢ 乾燥網

➢ 溫度計

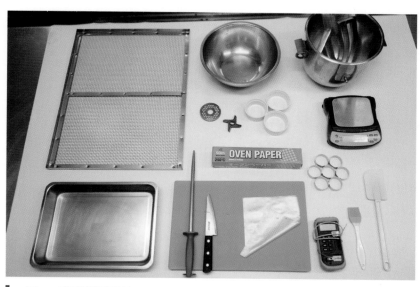

▌ 圖2 實習所需器材。

參、操作流程

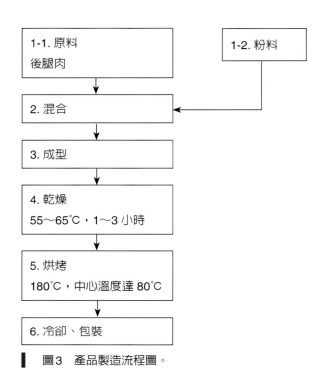

1-1. 原料 後腿肉	1-2. 粉料

2. 混合

3. 成型

4. 乾燥
55～65℃，1～3 小時

5. 烘烤
180℃，中心溫度達 80℃

6. 冷卻、包裝

▍ 圖3　產品製造流程圖。

• 操作要點

1. 原料處理：挑選豬後腿肉，仔細剔除筋膜，切成適當大小以利絞肉機絞碎。

2. 肉乾成型時可使用烤焙紙，或者直接在刷油後的乾燥網上成型。成型的厚度建議控制在 0.2～0.5cm，厚度較高較難乾燥。

3. 乾燥時適時翻面有助於肉乾乾燥均勻。

一、原料與配料處理

1. 豬後腿肉先剔除筋膜，切成適當大小。

2. 以 8～10mm 網孔之絞肉機過絞。

3. 將絞肉放入攪拌缸內。

4. 依序加入粉料，以低速攪拌混合均勻。

操作步驟 ▶▶▶

將腿肉筋膜剔除乾淨。

過絞後放入攪拌缸低速攪拌。

加入粉料 1。

加入粉料 2。

加入粉料 3。

加入粉料 4。

加入粉料 5。	過程中適時刮缸。

攪拌好肉漿備用。

二、成型

1. 取乾燥網刷上沙拉油防止沾黏，或者直接使用烤焙紙。

2. 將混合肉漿以湯匙挖出，定量後放入餅乾模於乾燥網上成型。

操作步驟 ▶▶▶

| 模具上油。

| 定量約 15g。

| 使用模具整型。

| 乾燥網上脫模。

| 最後整型。

| 成型後準備乾燥。

另一種操作步驟 ▶▶▶

1　取適當大小袋子，秤取適當重量。

2　以擀麵棍整平，使厚度一致。

3　以剪刀剪開側邊。

4　再剪開底邊。

5　緩慢撕開袋子。

6　將肉乾整面提起。

▍倒放至烤焙紙上。

▍緩慢撕開袋子。

▍最後整平準備乾燥。

三、乾燥與烘烤

1. 以 55～65℃乾燥 1～3 小時。

2. 放入烤箱接上溫度計，以上下 180℃烘烤至中心溫度達 80℃。

※ 注意事項：

• 後腿肉的筋膜經乾燥、加熱後會變得堅韌，因此原料處理時需要盡量剔除乾淨。

• 本實習配方無法有效抑制黴菌生長，成品盡快食用完畢或者冷藏、冷凍保存。

• 乾燥步驟會影響烘烤後產品的口感與風味，可以嘗試不同溫度與時間找出自己喜歡的產品品質。

操作步驟 ▶ ▶ ▶

以 55～65℃乾燥 1～3 小時。

乾燥完成。

將烘乾後之原料移至烤盤。

放入烤箱並接上溫度計。

180℃烘烤至中心溫度達 80℃。

肉乾成品。

肆、結果與討論

一、實習紀錄

1. 原料攪拌後溫度。

2. 原料攪拌後重量。

3. 成型後肉乾厚度。

4. 乾燥溫度與時間。

5. 烤焙溫度與時間。

6. 最終產品厚度、重量與製成率。

二、問題討論

1. 試討論保溼劑（甘油、山梨醇）在肉乾中扮演的角色。

2. 試討論為何肉乾可以常溫貯存。

實習九

乾燥類肉製品─肉酥

壹、前言

肉酥、肉絨（肉鬆）兩個產品非常相似，一般來說肉鬆入口還會有肌肉纖維的咀嚼感，因此通常會使用肌纖維較為明顯的豬後腿肉；肉酥則是酥鬆、入口即酥化的口感，肌肉纖維感相對較少，因此除了使用豬肉做成的肉酥外，還會有雞肉、魚肉等肉酥產品。肉酥的製程非常簡單，首先將大肉塊以熱水煮透，剝成肉絲狀，再以文火炒香、炒乾，最後以熱油酥化。通常煮熟的肉塊還會有接近 60% 的水分，而肉酥產品最終水分低於 4%，換言之，雖然肉酥加工製程相當簡單，但需要耗費不少時間焙炒才能製成肉酥。本單元選用雞胸肉來製作肉酥，優點是可以縮短肉塊的水煮時間，但因為雞胸肉纖維不如豬後腿肉纖維，會稍微增加操作上的難度。本書所提供的配方亦適合使用豬後腿肉製作，初學者也可以選用少量的豬後腿肉練習炒製。

貳、實習材料與器具

材料 ▶ ▶ ▶

➢ 去皮土雞胸肉（清胸肉）　　　　➢ 豬背脂肪

▌　圖 1　豬背脂肪及土雞胸肉。

配方 ▶▶▶

粉料	原料名稱	百分比（%）	粉料	原料名稱	百分比（%）
	清胸肉	100	2	百草粉	0.2
1	二砂	13	2	甘草粉	0.05
2	鹽	0.6	2	白胡椒粉	0.05
2	醬油	5	3	豬油	10
2	味精	1			
	合計			129.9	

器具 ▶▶▶

- ➢ 不鏽鋼方盤
- ➢ 煎匙
- ➢ 溫度計
- ➢ 磅秤

- ➢ 夾子
- ➢ 鋼盆
- ➢ 篩網
- ➢ 釘耙

- ➢ 粉料袋
- ➢ 肉錘
- ➢ 湯鍋
- ➢ 湯勺

▌ 圖2　實習所需器具。

參、操作流程

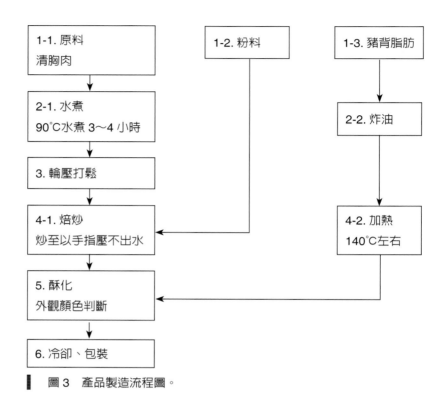

圖 3　產品製造流程圖。

• 操作要點

1. 原料處理：挑選生鮮土雞胸肉，去除雞皮、瘀血、碎骨。

2. 原料肉必須充分煮熟煮透，使其肉纖維極易分開。

3. 炒製初期原料含水量較高，火力可以稍大，待原料逐漸脫水乾燥，要適時降低火力以免燒焦。

4. 肉絲炒至幾乎已無水分，潑入沸油進行酥化，此時火力不可太小，酥化至顏色呈現金黃色到紅褐色即可下鍋冷卻。

5. 一般豬油以板油榨取居多，品質亦較好，建議可以使用不同油脂進行最後酥化，並比較成品之差異。

一、水煮雞胸肉塊

1. 雞胸肉洗淨、瀝乾備用。

2. 取一適當湯鍋煮水至沸騰。

3. 放入雞胸肉塊，調整火力讓水維持小滾。

4. 亦能以溫度計控制水溫維持在 90℃ 左右。

5. 每 30 分鐘翻轉雞肉塊，水煮約 3～4 小時。

6. 雞肉以手指壓下去不會回彈的狀態即可起鍋冷卻備用。

操作步驟 ▶▶▶

雞胸肉瀝乾備用。

將雞胸肉放入小滾沸水中。

每 30 分鐘翻轉雞肉塊。

水溫維持 90℃ 左右。

水煮約 3～4 小時。

雞肉以手指壓下去不會回彈。

二、豬油製備

1. 將豬背脂以 3mm 絞盤進行絞肉。
2. 絞碎後之豬背脂放入鍋中，開小火慢炸。
3. 期間需進行翻攪，以防燒焦影響風味及色澤。
4. 當油渣呈現乾癟且金黃時即可起鍋。
5. 以篩網過濾後備用。

操作步驟 ▶▶▶

過絞後（3mm）之背脂放入鍋中。

開小火慢炸。

| 持續翻攪避免燒焦影響豬油風味。

| 炸至豬油渣逐漸成金黃色且乾癟。

| 以篩網過濾豬油。

| 豬油成品。

三、打鬆

1. 可使用輪壓機打鬆雞肉塊，再剝成絲狀。
2. 如無輪壓機，可使用肉錘打散雞肉塊，再搭配手撕。

操作步驟 ▶ ▶ ▶

| 使用輪壓機輾壓冷卻後之雞胸肉，並將雞肉絲分散。

另一種操作步驟 ▶▶▶

▌ 或以肉錘將雞胸肉塊打鬆後分散雞肉絲。

四、炒焙

1. 將雞肉絲倒入炒鍋後開火炒製。

2. 持續翻炒雞肉絲待達一定熱度、開始冒出水氣時，依序加入配料。

3. 同一分類粉料可以先混合均勻。

4. 如有轉鼎或者旋轉刮刀焙炒機較容易操作。

5. 炒焙至以手壓雞肉絲無法擠出水時（大約 1～2 小時），即可進行酥化。

操作步驟 ▶▶▶

▌ 將雞肉絲倒入焙炒機。

▌ 依序加入配料。

將配料翻炒均勻後轉大火。

不時以釘耙翻炒至出現水氣。

待水氣變大時轉文火。

粗胚完成。

五、酥化

1. 如有滾筒炒食機，可提早將脫水雞肉絲（俗稱粗胚）移到滾筒炒食機操作。

2. 豬油加熱至 140℃，待雞肉絲已經相當乾，將熱油潑灑入雞肉絲中。

3. 持續加熱至雞肉絲酥化。

4. 下鍋盡快完成冷卻。

5. 待溫度降至室溫，盡快完成包裝。

> ※ **注意事項：**
>
> • 肉鬆的香氣來源主要來自於醬油與大量砂糖，因此炒製時需要以小火搭配不停翻炒，避免黏鍋產生焦味。

- 豬油可以用調和油或者耐高溫的食用油如葵花油、葡萄籽油取代。
- 肉鬆剛炒製完成時,餘溫還會持續加熱,因此下鍋後中間要撥開加速降溫。
- 肉鬆產品水分含量少、水活性相當低,因此有很強的吸溼性,放涼後要盡快完成包裝。
- 肉鬆的包裝盡量選用可以阻隔水氣的材質,如 PP 袋或者密封罐。

操作步驟 ▶ ▶ ▶

將粗胚倒入滾筒炒食機,開大火。

不時地翻攪。

豬油加熱至 140℃。

持續炒焙至雞肉絲捏不出水分。

將熱豬油潑入。

翻攪使油均勻分布，進行酥化。

以色澤或者溫度判斷下鍋時間。

中間挖開加速冷卻。

雞肉鬆成品。

肆、結果與討論

一、實習紀錄

1. 原料肉重量。

2. 原料肉水煮時間。

3. 肉絲重量。

4. 總焙炒時間。

5. 肉鬆成品重量，計算製成率。

6. 產品進行品評分析。

二、問題討論

1. 收集市面上的肉酥產品，並比較其成分差異。

2. 常見的肉酥商品多數有添加豆粉，試討論其添加的目的。

3. 豬肉酥大多以豬後腿肉原料製作，試討論以其他部位肉作為原料之可能性。

實習十

醃漬類肉製品—火腿腸

壹、前言

　　國人的早餐外食比例相當高，以火腿做成的三明治（Sandwich）更是早餐店常見的產品之一，也因此火腿是國內相當普遍的肉製品。為迎合市場需求，臺灣多數火腿是以重組的方式製作。常見的作法是以豬肉為原料，經注射、滾打、按摩、醃漬後再填至人造腸衣或者模具中，經加熱定型而成，切片後包裝販售。考量教學現場容易取得的設備與實習時間，本單元參考 Ham Bologna 與 Kraków Sausage 的配方與作法，示範西式火腿腸的製作。

貳、實習材料與器具

材料 ▶▶▶

➢ 後腿肉　　　➢ 五花肉　　　➢ 前腿肉　　　➢ 透氣性纖維腸衣

▍　圖 1　後腿肉、五花肉、前腿肉及透氣性纖維腸衣。

配方 ▶▶▶

配料一					
粉料	原料名稱	重量（g）	粉料	原料名稱	重量（g）
	後腿肉（肉塊）	1000		亞硝酸鈉	0.15
	食鹽	15		冰水	45
	磷酸鹽	3			
合計					1063.15

配料二					
粉料	原料名稱	重量（g）	粉料	原料名稱	重量（g）
	後腿肉（3mm）	250	3	大豆蛋白粉	10
	五花肉（3mm）	250	3	馬鈴薯粉	10
	前腿肉（8～10mm）	700	4	蒜粉	5.5
1	食鹽	20	4	胡荽粉	1
1	磷酸鹽	5	4	黑胡椒粉	4.5
1	亞硝酸鈉	0.25	4	煙燻紅椒粉	2
2	二砂	60		冰水	170
2	高鮮味精	8			
合計					1496.25

器具 ▶▶▶

- ➤ 不鏽鋼方盤
- ➤ 鋼盆
- ➤ 去骨刀
- ➤ 磨刀棒
- ➤ 砧板
- ➤ 磅秤
- ➤ 粉料袋
- ➤ 絞肉機（8mm 絞盤）
- ➤ 細切乳化機
- ➤ 攪拌缸／槳狀攪拌器（大）
- ➤ 溫度計
- ➤ 充填機
- ➤ 打釘機
- ➤ 棉線

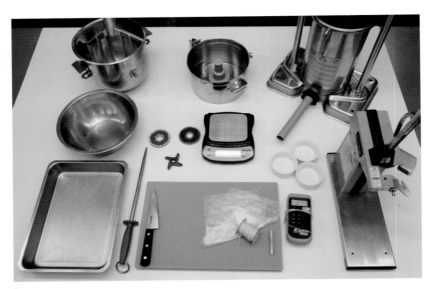

▎圖2 實習所需器具。

參、操作流程

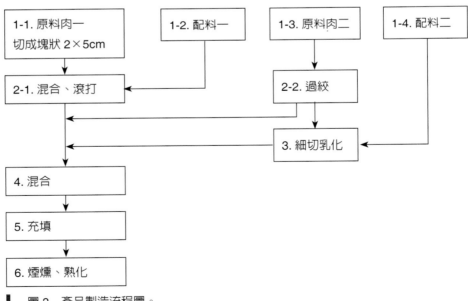

▎圖3 產品製造流程圖。

• 操作要點

1. 原料處理：配料一的後腿肉去掉筋膜、瘀血後切成適當大小的肉塊；配料二的前腿肉、後腿肉先進行整修，五花肉去掉外皮，切成適當大小條狀以利後續絞碎。

2. 配料一的肉塊加入醃料後以手動方式滾打（Tumbling），技巧為將裝有原料的粉料袋凌空甩轉，讓粉料袋以與桌面平行的方式摔落桌面。如果動作正確，約莫 3～5 分鐘即可觀察到肉塊出現黏性。

3. 配料二的後腿絞肉（瘦肉）與五花絞肉（肥肉）參考實習四熱狗的作法，細切（擂潰）乳化成肉漿；前腿絞肉加入配料一醃漬後的肉塊一起攪打，再將配料二乳化完成的肉漿分次加入混合均勻。

4. 挑選大小合適的纖維腸衣，泡水浸潤後充填火腿肉漿，再以打釘機封口綁上棉線吊掛。

5. 火腿腸需要較長的煙燻與熟化時間，熟化後需以灑水或者泡水的方式冷卻。

一、原料處理

1. 配料一的後腿肉切成塊狀（2×5cm）。
2. 配料二的後腿肉、五花肉切成適當大小，個別以絞肉機（3mm）過絞後備用。
3. 配料二的前腿肉切成適當大小後，以絞肉機（8～10mm）過絞後備用。

二、混合滾打

1. 配料一的材料混合均勻後放入適當大小的雙層粉料袋。
2. 以倒轉粉料袋摔打桌面的方式（Tumbling）約 3～5 分鐘。
3. 摔打後置於冷藏備用。

操作步驟 ▶▶▶

■ 配料一後腿肉切成適當大小肉塊。

■ 放入袋中加入粉料混合均勻。

■ 開口收緊放入另外一袋。

■ 倒轉摔打（Tumbling）後冷藏備用。

三、肉漿乳化

1. 細切乳化機先以冰塊保冷，相同分類的配料先混合均勻。

2. 將過絞後的後腿肉與五花肉放入細切機中，加入粉料 1。

3. 先低速細切，加入少許碎冰，再加入粉料 2、粉料 3。

4. 加入少許碎冰後，以快速細切進行乳化。

5. 停機量測溫度，確保肉溫在 13℃以下，加入粉料 4 後再加入剩下的冰塊。

6. 低速細切均勻後取出備用。

操作步驟 ▶▶▶

█ 細切乳化機先以碎冰降溫。

█ 放入過絞後腿肉與五花肉。

█ 加入粉料 1 後慢速細切。

█ 加入 1/3 冰塊慢速細切。

█ 加入粉料 2 及粉料 3 後慢速細切。

█ 加入 1/3 碎冰後快速細切。

細切至無明顯肉塊，量測溫度。

加入粉料 4 後慢速細切。

加入剩餘碎冰。

細切乳化肉漿完成備用。

四、混合

1. 將配料一醃漬後的肉塊與配料二的前腿絞肉以攪拌機搭配槳狀攪拌器攪打混合。
2. 分次加入配料二的肉漿混合均勻。

操作步驟 ▶ ▶ ▶

加入前腿絞肉與醃漬後腿塊攪拌。

分次加入乳化肉漿攪拌均勻。

五、充填

1. 腸衣先浸水泡軟。

2. 將肉漿放入充填機中。

3. 用最大的管徑,將腸衣套上管徑後以手抓緊。

4. 充填至適當長度,以打釘機封口。

操作步驟 ▶▶▶

腸衣先浸水泡軟。

將肉漿放入充填機中。

將腸衣套上管徑後以手抓緊。

充填至適當長度。

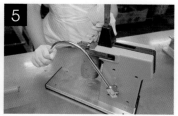

以打釘機封口。

六、煙燻熟化

1. 以棉線綁好火腿腸後吊掛放入煙燻機中,插入中心溫度探針。

2. 以 55℃ 煙燻 1.5～2.5 小時。

3. 以 85℃ 蒸煮至中心溫度 72℃。

4. 泡水冷卻即為成品。

※ 注意事項：

- 如果沒有細切乳化機，可以使用攪拌機搭配槳狀攪拌器搗潰乳化，操作方法請參考實習五貢丸。
- 煙燻機如果沒有蒸煮功能，可以用 85℃ 水煮方式取代。
- 肉漿在混合完成前，需要留意溫度不宜超過 14℃。

操作步驟 ▶▶▶

火腿腸懸吊於煙燻機中，插入溫度探針。

煙燻 1.5～2.5 小時。

煙燻熟化完成。

泡水冷卻。

火腿成品。

肆、結果與討論

一、實習紀錄

1. 配料一摔打後溫度。

2. 配料二乳化完成後肉漿溫度。

3. 混合完成後肉漿溫度。

4. 充填後火腿腸重量。

5. 煙燻時間與煙燻完成時中心溫度。

6. 最終成品秤重，計算總製成率。

7. 產品進行品評分析。

二、問題討論

1. 市售重組火腿使用 1 公斤的原料肉可以生產 2 公斤的產品，試討論其原因。

2. 試討論結著劑對重組火腿品質之影響。

實習十一

醃漬類肉製品─臘肉

壹、前言

　　臘肉應該是許多人的兒時記憶，每到接近過年，家家戶戶常可見到有五花肉吊在前庭或者後院，正在製作過年所需的年貨——臘肉。過去的年代因為缺乏肉品保存設備，原料肉需要盡快使用完畢，製作成臘肉等肉製品自然就是相當利於保存肉品的加工方法。常見的臘肉作法大致可以分為兩類，一種為醃漬後乾燥；另外一種則再經過煙燻處理，除了增加風味外，煙燻亦有助於產品貯存。本單元將示範臘肉的製程，包括滾打（Tumbling）、醃漬（Marinating）、洗淨、乾燥、煙燻等。

貳、實習材料與器具

材料 ▶▶▶

➢ 帶皮五花肉

▌ 圖1　帶皮五花肉。

配方 ▶▶▶

原料名稱	百分比（%）
帶皮五花肉	100
食鹽	3
高鮮味精	0.5
二砂	2
鮮紅素	0.1
白胡椒	0.2
五香粉	0.1
肉桂粉	0.1
八角粒	0.2
花椒粒	0.2
高粱酒	1.5
合計	107.9

器具 ▶▶▶

- ➤ 不鏽鋼方盤
- ➤ 鋼盆
- ➤ 磅秤

- ➤ 粉料袋
- ➤ 炒鍋
- ➤ 鍋鏟

- ➤ 醃漬容器
- ➤ 乾燥網
- ➤ 手套

▌ 圖2　實習所需器具。

參、操作流程

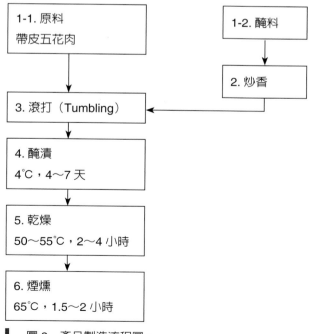

▌ 圖3　產品製造流程圖。

• 操作要點

1. 原料處理：挑選豬五花肉，稍作整修，盡量讓整塊五花肉是一層肥肉一層瘦肉相間之夾層肉，再切成適當大小。

2. 鹽、八角、花椒先炒乾炒香，炒製時當鹽的顏色開始轉變時，要將火力關小甚至是關掉，炒製後段鹽的顏色變化相當快，一不留意很容易過火。

3. 醃漬時可以配合週課程時間，一週醃漬處理，隔一週乾燥、煙燻。醃漬期間則需要翻動五花肉條，上下調換位置。

一、原料與配料處理

1. 帶皮五花肉整修一下，切成寬度 3～4cm 條狀。
2. 鹽、花椒、八角炒香。
3. 冷卻後八角打碎，與其他粉料混合均勻。

操作步驟 ▶ ▶ ▶

▍ 將鹽、花椒及八角混合炒香，炒至淡黃色。

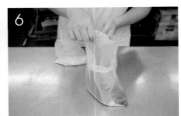

▍ 冷卻後將八角打碎。 ▍ 裝入粉料袋中。 ▍ 加入其他粉料混合均勻。

二、滾打、醃漬

1. 將粉料均勻塗抹五花肉條，並按摩抓醃。

2. 如使用滾打機，則直接將五花肉放入滾打機，再加入粉料滾打 5～10 分鐘。

3. 取醃漬容器以皮在外、肉在中間的方式堆疊。

4. 冷藏（4℃）醃漬 4～7 天。

操作步驟 ▶ ▶ ▶

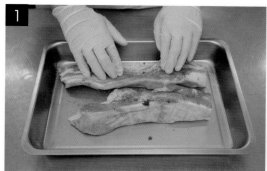

將粉料均勻塗抹五花肉條。

或直接放入滾打機再加入粉料。

滾打時可使用冰袋保冷。

滾打後之五花肉。

將五花肉皮朝底整齊排列。

第二層皮朝上，肉相連堆疊。

堆疊完成後封上保鮮膜。

冷藏（4℃）醃漬 4～7 天。

三、乾燥、煙燻

1. 先以清水洗去五花肉條外部醃料。

2. 將五花肉條排列在乾燥網中。

3. 以 50～55℃乾燥 2～4 小時。

4. 乾燥完成後，以 65℃煙燻 1.5～2 小時。

5. 冷卻後真空包裝，冷藏或冷凍貯存。

※ 注意事項：

- 鹽、花椒、八角炒香後，要降至室溫才可與其他配料混合。
- 如果沒有滾打機（Tumbling），可以抓醃按摩方式取代。

操作步驟 ▶ ▶ ▶

醃漬 4 天的五花肉條。

以清水洗去外部醃料。

將五花肉條排列在乾燥網中。

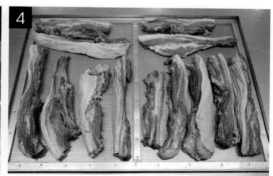

排層好之五花肉條。

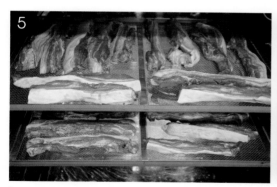

放入乾燥機中。

50～55℃乾燥 2～4 小時。

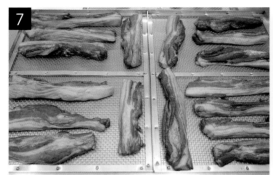

55℃乾燥 3 小時之外觀。

送入煙燻機進行煙燻。

以 65℃煙燻 1.5～2 小時。

煙燻 1.5 小時後之外觀。

臘肉成品一。

臘肉成品二。

肆、結果與討論

一、實習紀錄

1. 原料肉的溫度與重量。

2. 混合醃料後之五花肉條溫度。

3. 開始醃漬日期與時間。

4. 醃漬完成日期與時間。

5. 醃漬後重量。

6. 乾燥時間與乾燥後五花肉條之溫度與重量。

7. 煙燻時間與煙燻後之成品溫度與重量。

8. 計算製成率，將產品加熱熟化後進行品評分析。

二、問題討論

1. 臘肉產品因含有亞硝酸鹽而被認為不健康，試討論其食安風險。

2. 試討論本單元所製作的臘肉之貯存條件與期限。

實習十二

醃漬類肉製品—茶燻雞

壹、前言

　　煙燻可算是相當古老的加工方式，透過燻製可以賦予產品特殊風味與色澤，也是早期人們用來貯存肉品的方法。燻煙中含有醛類、酚類、有機酸等物質，具有抑制微生物生長與防止脂肪氧化的效果，發煙過程產生的梅納反應也讓產品外觀產生特有的燻煙光澤與烤肉風味。本單元將介紹的煙燻加工方法是臺灣發展出的特有中式煙燻法，又稱糖燻、蔗燻、茶香燻等，其發煙方式非使用木屑，而是將砂糖或者紅糖置放於鐵鍋加熱發煙，短時間煙燻即可上色，糖香味明顯。又單獨加熱砂糖或者紅糖，容易因過度加熱而產生苦味，因此衍生出添加茶葉、米來增香的方式，藉麵粉作為介質吸附融化的糖，降低焦味與苦味產生。本單元將介紹茶燻雞的製程與注意事項。

貳、實習材料與器具

材料 ▶▶▶

➢ 全雞

▌　圖1　全雞。

配方 ▶▶▶

醃料					
粉料	原料名稱	百分比（%）	粉料	原料名稱	百分比（%）
	雞肉	100	1	肉桂粉	0.1
1	食鹽	1.2	1	白胡椒粉	0.1
1	味精	0.8	2	醬油	1
1	二砂	2.5	2	米酒	0.5
1	五香粉	0.1			
合計			106.3		

燻料			
原料名稱	重量（g）	原料名稱	重量（g）
茶葉	10	麵粉	15
紅（黑）糖	30	米	15
二砂	30		
合計		100	

備註：本表為一次燻製的用量，可酌予增減。

器具 ▶▶▶

- ➢ 磅秤
- ➢ 不鏽鋼方盤
- ➢ 鋼盆
- ➢ 手套

- ➢ 秤料皿
- ➢ 蒸籠／蒸煮機網架
- ➢ 保鮮膜
- ➢ 溫度計

- ➢ 鐵鍋
- ➢ 鐵架
- ➢ 鍋蓋
- ➢ 鋁箔紙

▎ 圖 2　實習所需器具。

參、操作流程

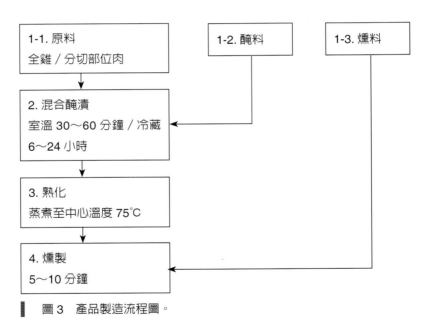

```
┌─────────────────────┐     ┌─────────────┐     ┌─────────────┐
│ 1-1. 原料           │     │ 1-2. 醃料   │     │ 1-3. 燻料   │
│ 全雞 / 分切部位肉   │     └─────────────┘     └─────────────┘
└─────────────────────┘
          ↓
┌─────────────────────┐
│ 2. 混合醃漬          │  ←─────────────────┘
│ 室溫 30～60 分鐘 / 冷藏
│ 6～24 小時          │
└─────────────────────┘
          ↓
┌─────────────────────┐
│ 3. 熟化             │
│ 蒸煮至中心溫度 75℃  │
└─────────────────────┘
          ↓
┌─────────────────────┐
│ 4. 燻製             │  ←─────────────────────────────┘
│ 5～10 分鐘          │
└─────────────────────┘
```

▎ 圖 3　產品製造流程圖。

• 操作要點

1. 原料處理：挑選全雞，將血水擦拭乾淨後進行醃漬，或者先行分切成部位肉再進行醃漬處理。

2. 燻雞的熟化方式以水煮或者蒸煮為主，雞肉會較嫩且多汁。

3. 雞肉煙燻時間會受鍋具、火力、雞肉擺放方式影響，煙燻時間不夠，無法上色；煙燻時間過久，製品顏色會很深且有苦味。

一、醃漬

1. 全雞直接或者先分切（請參考實習三雞肉各部位分切）置於適中鋼盆。

2. 加入所有配料抓醃，混合均勻後蓋上保鮮膜。

3. 室溫醃漬 30～60 分鐘，或者冷藏醃漬 6～24 小時（中間翻攪一次）。

操作步驟 ▶▶▶

全雞分切後置放鋼盆。

同分類醃料先各自混合均勻。

混合所有醃料抓醃雞肉。

冷藏醃漬 6～24 小時（中間翻攪）。

二、熟化

1. 醃漬後之全雞或部位肉均勻擺放（雞皮面朝上）於蒸籠架或者蒸煮機網架。

2. 挑選較厚的部位肉插入溫度探針監測中心溫度。

3. 加熱蒸煮至中心溫度 75℃。

※如使用蒸煮機，設定條件為：加熱溫度 95℃、溼度 95%，加熱至中心溫度 75℃ 後，以 60℃乾燥 10 分鐘。

操作步驟 ▶▶▶

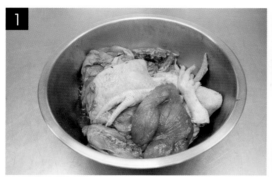

醃漬後之雞肉。

將雞肉均勻排列在網架上（雞皮面朝上）。

挑選較厚的部位插入溫度探針。

使用蒸煮機熟化。

亦可使用蒸籠熟化。

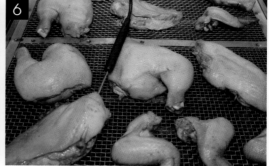

蒸煮熟化後之雞肉。

三、煙燻

1. 熟化後之雞肉稍作降溫。

2. 取一鐵鍋，底層鋪上鋁箔紙（確定鋁箔紙平貼於鍋底）。

3. 將燻料混合均勻後，平鋪於鋁箔紙上。

4. 架上鐵架擺入全雞或者部位肉。

5. 開中大火待燻料開始冒煙後，蓋上鍋蓋煙燻 5～10 分鐘。

※ 注意事項：

• 全雞分切成部位肉可以參考實習三雞肉各部位分切內容。

• 考量實習課程操作便利性，雞肉與醃料混合均勻後可以直接於室溫下醃漬，惟醃漬時間不宜超過 1 小時。

• 雞肉熟化與煙燻後雞皮容易破損，拿取時宜小心。

• 煙燻時間是自發煙後蓋上鍋蓋開始計時。

• 本實習配方僅供參考，課程中可以分組略為調整配方，供同學品評分析比較差異。

操作步驟 ▶▶▶

取一鐵鍋，鋪上鋁箔紙。

放上燻料。

將燻料混合均勻。

架上鐵網，擺放雞肉，開中大火加熱。

開始發煙，蓋上鍋蓋。

煙燻 5～10 分鐘。

煙燻完成。

茶燻雞成品。

分切後之茶燻雞。

肆、結果與討論

一、實習紀錄

1. 原料肉溫度與重量。

2. 醃漬後雞肉之溫度與重量。

3. 熟化後雞肉之溫度與重量。

4. 煙燻後之雞肉溫度與重量，並計算產品製成率。

5. 產品拍照記錄並進行品評分析。

二、問題討論

1. 請討論醃漬方式與時間如何影響最終產品風味。

2. 試討論以全雞製作或者先分切再製作成茶燻雞之差異。

3. 試討論如何穩定煙燻製程，提升產品風味與色澤均一度。

實習十三

調理類肉製品─雞排

壹、前言

　　依據農委會資料，雞排在臺灣一年產量高達 4.4 億片，年產值超過 200 億元，全國各地街頭巷尾都能看到其蹤跡，稱作國民美食一點都不為過。更有業者將其推廣至國外，同樣掀起一股旋風，讓人不得不仔細端詳，這小小一塊雞排到底有何迷人的地方。實際上，臺灣人愛吃雞腿是眾所皆知，早期的炸雞肉產品往往都是雞腿的需求遠遠高過於雞胸肉，很多雞肉供應業者都巴不得雞可以有四隻腿，雞腿的價格也往往高於雞胸肉。因此有業者突發奇想，利用刀工將厚厚的雞胸肉片開成蝴蝶狀，原本乾柴的炸雞胸肉，華麗轉身成為面寬、肉薄、鮮嫩多汁的香雞排，自此許多業者競相效尤，香雞排就變成人盡皆知的國民美食。國內炸雞排種類相當多，作法與風味則大同小異，主要以醬油、蒜頭、五香粉為主進行醃漬，再裹粉進行油炸，起鍋後灑上椒鹽粉即可食用。因此本單元將從刀工開始，示範如何整修、醃漬、操作油炸來製作國民美食——香雞排。

貳、實習材料與器具

材料 ▶▶▶

➢ 全雞或雞胸肉（建議 1.5kg 左右屠體重肉雞較為合適）

▍　圖1　白肉雞全雞。

配方 ▶▶▶

粉料	原料名稱	百分比（%）	粉料	原料名稱	百分比（%）
	清雞肉	100	1	白胡椒粉	0.1
1	鹽	0.8	1	五香粉	0.25
1	味精	0.5	1	蒜粉	0.15
1	磷酸鹽	0.2	1	孜然粉	0.05
1	糖	2.5	1	冰水	10
1	醬油	3	2	耐炸油	適量
1	米酒	1	3	椒鹽粉	適量
1	玉米澱粉	1			
	合計			113	

器具 ▶▶▶

- ➢ 不鏽鋼方盤
- ➢ 鋼盆
- ➢ 去骨刀
- ➢ 剁刀
- ➢ 磨刀棒

- ➢ 砧板
- ➢ 肉錘
- ➢ 磅秤
- ➢ 粉料袋

- ➢ 手扒雞手套
- ➢ 夾子
- ➢ 溫度計
- ➢ 油鍋

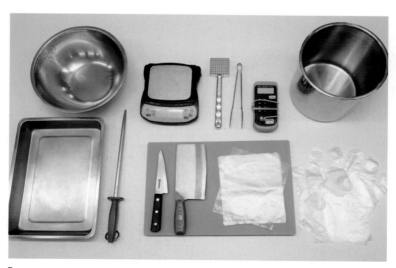

▌ 圖2　實習所需器具。

參、操作流程

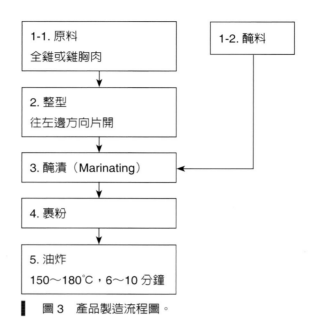

```
┌─────────────────────┐        ┌─────────────┐
│ 1-1. 原料           │        │ 1-2. 醃料   │
│ 全雞或雞胸肉        │        └─────────────┘
└─────────────────────┘               │
          │                           │
          ▼                           │
┌─────────────────────┐               │
│ 2. 整型             │               │
│ 往左邊方向片開      │               │
└─────────────────────┘               │
          │                           │
          ▼                           │
┌─────────────────────┐◄──────────────┘
│ 3. 醃漬（Marinating）│
└─────────────────────┘
          │
          ▼
┌─────────────────────┐
│ 4. 裹粉             │
└─────────────────────┘
          │
          ▼
┌─────────────────────┐
│ 5. 油炸             │
│ 150～180℃，6～10 分鐘│
└─────────────────────┘
```

▌ 圖 3　產品製造流程圖。

• 操作要點

1. 原料處理：挑選白肉雞全雞、光雞分切取得原胸，或直接購買白肉雞原胸肉（帶骨）。

2. 注意雞胸肉片開的下刀位置，下刀不可太急，盡量避免將肉片切破、切斷。

3. 如有多餘骨腿可以參考實習三雞肉各部位分切，去骨後做成雞腿排一起油炸。

4. 手動摔打醃漬肉片可以促進醃漬效果，操作時要順勢將肉拋起，讓其水平摔落桌面，用力不當除了影響效果外還可能導致雞排破損。

5. 裹粉可以使用常見的粗地瓜粉（粗粒、樹薯粉），市面上也有一些炸雞粉、酥脆粉可以選用，使用不同的裹粉會有不同的口感。

一、整型

1. 全雞先取下骨腿、雞翅、雞脖，所得原胸朝正中位置下刀，將雞胸分成左右兩邊。

2. 在胸肉軟骨邊（左胸在右邊，右胸在左邊）下刀片開胸肉，此時可以看到小里肌。

3.片開後的胸肉，再朝較厚的部分下刀片開（往左片開）。

4.雞胸片開成雞排後，翻面使用肉錘朝骨頭部分捶打。

操作步驟 ▶▶▶

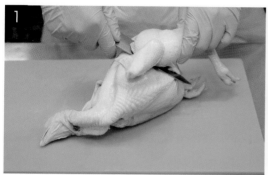

劃開雞腿與雞身相連處。

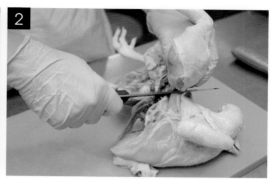

將整個腿部折斷後切開。

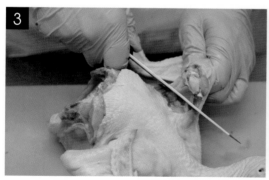

去除雞翅。

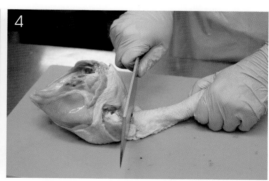

去除脖頸。

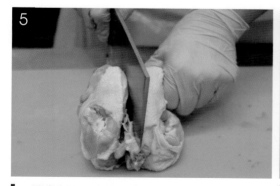

將雞胸沿正中位置剖開。

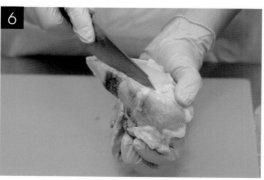

從軟骨邊下刀。

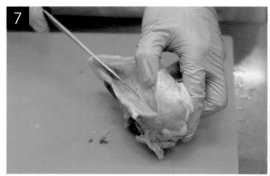

沿著軟骨劃開胸肉。

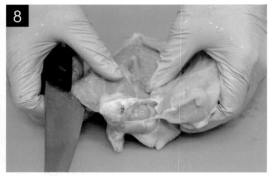

大胸肌翻開後可以看到小里肌。

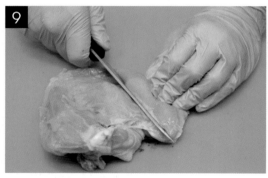

朝較厚的胸肉下刀片開。

切到底留 1cm 左右相連。

較厚的部分持續片開。

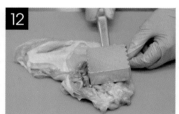

使用肉錘敲平骨頭處。

整型後之雞排。

二、醃漬

1. 將所有材料混合均勻後，抓醃胸肉，室溫醃漬 30～60 分鐘。

2. 亦可將混料後之胸肉放入雙層粉料袋內，倒轉摔打桌上約 3～5 分鐘後，再醃漬 30～60 分鐘。

操作步驟 ▶▶▶

▌ 所有配料混合均勻後，放入雞排抓醃。

手甩模擬滾打（Tumbling）操作步驟 ▶▶▶

▌ 放入雙層粉料袋。　　　　▌ 倒轉翻起。　　　　▌ 讓肉水平掉至桌面。

三、油炸

1. 醃漬完成的胸肉裹上地瓜粉，靜置 5 分鐘，讓地瓜粉吸溼返潮。
2. 起油鍋待油溫達 140℃，即可入鍋油炸。
3. 控制油炸溫度在 150～180℃ 之間。
4. 油炸約 5～10 分鐘，雞排浮起來，周邊冒大氣泡即可撈起。
5. 靜置瀝油 3 分鐘，撒椒鹽粉、切塊即為成品。

> **※ 注意事項：**
> • 滾打時要讓雞肉順勢、平均摔落在桌面上，不可太過用力。
> • 油炸使用的油品要選用耐高溫的油炸油。
> • 油炸時，如果雞排較厚，可以先油炸 3～5 分鐘，取出降溫後再次油炸。
> • 油炸一段時間後，要將油渣撈除，可以延長炸油使用時間。

操作步驟 ▶▶▶

將地瓜粉倒入鐵盤中。

將醃漬後之雞排沾裹地瓜粉。

雙面均勻裹粉。

抖落多餘裹粉。

靜置待裹粉返潮。

起油鍋。

油溫 140℃以上即可下鍋油炸。

油炸初期雞排沉底、泡泡較小。

雞排浮起、泡泡變大即是炸熟。

起鍋。

靜置瀝油 3 分鐘。

雞排成品。

分切後雞排成品。

肆、結果與討論

一、實習紀錄

1. 分切整型後雞排重量。
2. 裹粉後重量。
3. 油炸後成品重量，並計算製成率。
4. 產品進行品評分析。

二、問題討論

1. 臺式炸雞排的風味主要以醬油、蒜、五香粉為主，可以試著運用可取得的香料開發自己獨特的配方。
2. 可以分組使用不同的醃漬方式如冷藏、室溫醃漬、滾打等，比較其差異。
3. 裹粉與最終產品酥脆度息息相關，試討論裹粉種類與酥脆度的關係。

實習十四

調理類肉製品—漢堡肉

壹、前言

漢堡（Hamburger）雖然不是起源於美國，但已然成為許多美國人日常生活的主食，也可算是美式經典料理之一。隨著各大美式速食店的崛起，漢堡也傳至世界各地並與不同地區的飲食習慣結合，發展出多樣獨特的種類。臺灣第一家漢堡店，麥當勞民生門市在民國 73 年（1984）開門營業，之後美國溫娣、肯德基、漢堡王陸續被引進臺灣，開啟臺灣西式速食連鎖產業歷史。在臺灣多元的飲食文化下，也自然而然地發展出相當多漢堡種類，從平價的早餐店到高價位的美式餐廳都能看到漢堡的身影。漢堡的製作雖然簡單，但想要呈現鮮嫩多汁的口感，卻也少不了運用所學的肉品加工技術。因此，本單元將示範漢堡肉的作法，讓學員了解如何製作鮮嫩多汁的漢堡肉。

貳、實習材料與器具

材料 ▶▶▶

➢ 後腿肉   ➢ 五花肉   ➢ 前腿肉

▍ 圖 1 　後腿肉、五花肉及前腿肉。

配方 ▶▶▶

醃料			
原料名稱	百分比（%）	原料名稱	百分比（%）
五花肉	20	三奈粉	0.05
前腿肉	40	五香粉	0.05
後腿肉	40	醬油	0.5
食鹽	1.2	新鮮洋蔥	10
高鮮味精	0.4	漢堡麵包	適量
二砂	2	番茄	適量
黑胡椒粗粒	0.25	蜂蜜芥末醬	適量
洋蔥粉	0.05		
合計			114.5

器具 ▶▶▶

- ➤ 不鏽鋼方盤
- ➤ 鋼盆
- ➤ 絞肉機（8mm 絞盤）
- ➤ 主廚刀
- ➤ 砧板
- ➤ 磅秤
- ➤ 秤料皿
- ➤ 橡皮刮刀

▌ 圖2 實習所需器材。

參、操作流程

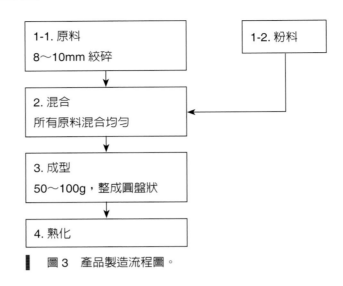

```
┌─────────────────────┐        ┌─────────────────┐
│ 1-1. 原料           │        │ 1-2. 粉料       │
│ 8～10mm 絞碎         │        │                 │
└─────────────────────┘        └─────────────────┘
          │                            │
          ▼                            │
┌─────────────────────┐◄───────────────┘
│ 2. 混合             │
│ 所有原料混合均勻     │
└─────────────────────┘
          │
          ▼
┌─────────────────────┐
│ 3. 成型             │
│ 50～100g，整成圓盤狀 │
└─────────────────────┘
          │
          ▼
┌─────────────────────┐
│ 4. 熟化             │
└─────────────────────┘
```

▌ 圖 3　產品製造流程圖。

• 操作要點

1. 原料處理：挑選修整之前腿肉、豬後腿肉，五花肉去皮後，切成適當大小以利絞肉機絞碎。

2. 洋蔥切碎後將所有原料與配料混合均勻，可以使用攪拌機攪拌，或者以手掌甩打方式讓絞肉產生結著性。

3. 漢堡肉的厚度與成品的嫩度和多汁性有關，較厚一點的漢堡肉會較嫩且多汁，但厚一點的漢堡肉不容易煎熟，建議厚度在 1～3cm 較爲合適。

一、原料與配料處理

1. 五花肉、前腿肉、後腿肉以絞肉機絞碎（8～10mm），洋蔥切末備用。

2. 絞好的肉混合均勻，加入所有配料。

3. 攪拌均勻後，定量肉團（50～100g）。

4. 雙手抹一點沙拉油，以一手抓起肉團往另外一手掌摔打。

5. 重複摔打動作到肉團結著且表面光滑。

6. 整成圓盤狀後進行熟化。

操作步驟 ▶▶▶

1 過絞之後腿肉、五花肉、前腿肉。

2 混合均勻。

3 加入所有配料。

4 將配料與肉均勻混合並定量。

5 雙手沾抹一些沙拉油。

6 抓起肉團往另一手掌摔打。

重複摔打至肉團表面光滑。

摔打好之漢堡肉團。

二、熟化

1. 起油鍋、放入漢堡肉。

2. 以鍋鏟稍微壓平漢堡肉，厚度盡量控制在 1～3cm。

3. 適時地翻面，避免燒焦。

4. 內部煎熟即可起鍋（中心溫度 72℃）。

※ 注意事項：

• 漢堡肉在混合配料後需要稍微摔打，萃取鹽溶性蛋白，增加結著性，但需要留意肉溫不可過高，過高的肉溫會導致漢堡肉鬆散且降低多汁性。

• 漢堡肉熟化時，高度會影響多汁性，比較薄的厚度容易熟化，但多汁性較差；反之，厚度較高，要多翻面幾次且緩慢加熱，但熟化後的漢堡肉會較多汁。

操作步驟 ▶▶▶

起油鍋。

放入漢堡肉。

以鍋鏟稍微壓平漢堡肉。

適時翻面避免燒焦。

蓋上鍋蓋使漢堡肉中心容易熟透。

煎至雙面微焦,即可起鍋。

漢堡肉成品。

搭配麵包、生菜、番茄及蜂蜜芥末醬做成漢堡。

肆、結果與討論

一、實習紀錄

1. 過絞後原料溫度與重量。

2. 混合後溫度與重量。

3. 成型肉團重量與數量

4. 成品中心溫度與重量,並計算產品製成率。

5. 產品拍照記錄並進行品評分析。

二、問題討論

1. 請討論前腿肉、五花肉、後腿肉之脂肪含量。

2. 可以嘗試以不同比例的瘦肉與脂肪製作,比較其風味、咬感、多汁性之差異。

3. 試著蒐集網路上不同漢堡製作配方,並討論其差異。

實習十五

燒烤調理類肉製品—烤雞

壹、前言

　　烤雞，顧名思義以熱將雞肉熟化的產品，起源已不可考，相信在人們懂得用火、有雞的年代應該就已經存在烤雞這道料理。世界各地同樣很容易看到烤雞這道食物，如美國的聖誕節烤火雞大餐，南美、歐洲、印度、韓國等，都有使用在地香料與燒烤手法的烤雞。因此，簡單的烤雞可以僅全雞抹鹽燒烤熟化，手扒／撕直接食用，也可以複雜地處理雞隻整型、醃漬、燒烤、分切、擺盤。有鑑於烤雞種類與手法上百種，本單元著重在讓學習者了解肉品加工的製程思維，即產品需要有一致的外觀與風味，製程有效率且容易操作與管控。因此，雞肉先醃漬處理，再透過容易取得、可大量製作的加熱設備如烤箱、桶子雞爐、掛爐等，加熱熟化全雞，最後示範烤雞的分切方式。

貳、實習材料與器具

材料 ▶▶▶

➤ 全雞（建議 1.2～1.5kg）

▌　圖 1　全雞。

配方 ▶▶▶

醃料			
原料名稱	百分比（%）	原料名稱	百分比（%）
全雞	100	肉桂粉	0.15
鹽	0.8	蒜粉	0.1
味精	0.8	三奈粉	0.05
糖	2	米酒	0.5
陳皮粉	0.2	醬油	1.8
合計		106.4	

器具 ▶▶▶

➢ 不鏽鋼方盤　　➢ 磅秤　　　　➢ 刷子

➢ 鋼盆　　　　　➢ 保鮮膜　　　➢ 溫度計

➢ 手套　　　　　➢ 烤盤紙　　　➢ 剪刀

➢ 主廚刀　　　　➢ 秤料皿　　　➢ 棉手套

➢ 砧板　　　　　➢ 烤盤　　　　➢ 手扒雞手套

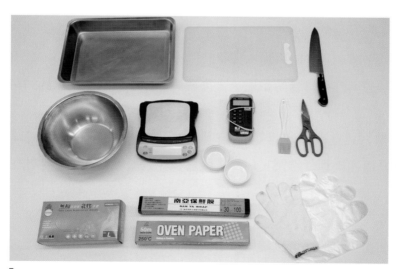

圖 2　實習所需器材。

參、操作流程

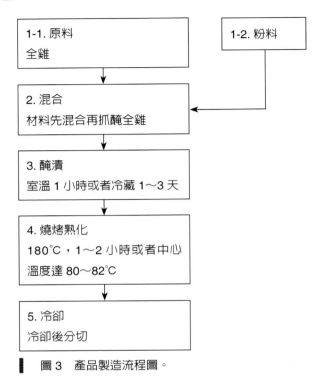

圖3 產品製造流程圖。

• 操作要點

1. 原料處理：挑選適當大小全雞，將雞毛、血水拭除乾淨。

2. 配料與醃漬是烤雞美味的重點，如果時間充裕，醃漬足夠時間，雞肉會較入味。

3. 不同的加熱設備亦會影響烤雞風味，掛爐、桶仔雞爐、旋風烤爐的烤雞效果會比烤箱佳。

4. 燒烤的加熱方式為雞肉外部受熱，再將熱能傳遞至內部，因此較厚的部位如胸肉、骨腿升溫速度相當緩慢，加熱後段需要注意溫度控制，避免外焦內不熟。

一、配料混合與醃漬

1. 全雞先將血水移除，亦可以使用紙巾拭除血水。

2. 醃料混合均勻後，邊按摩邊塗抹全雞，胸腔與雞腹也需要塗抹醃料。

3. 將全雞置於鋼盆，覆蓋保鮮膜於室溫醃漬30～60分鐘或者冷藏醃漬1～3天。

操作步驟 ▶ ▶ ▶

雞隻先移除血水。

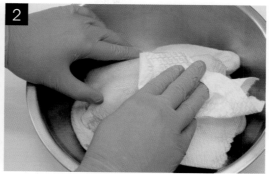

亦可使用紙巾拭除血水。

醃料先混和均勻。

將醃料抹在雞身。

腹腔也需要抹醃料。

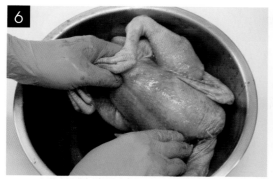

邊按摩邊均勻地塗抹全雞。

覆蓋保鮮膜後醃漬。

二、燒烤熟化

1. 燒烤設備（烤箱／桶仔雞爐／掛爐）先預熱。

2. 將雞爪塞入腹中。

4. 烤盤鋪上烤盤紙擺上全雞（使用掛爐者，請以掛勾吊掛全雞）。

5. 挑選較厚的部位肉插入溫度探針監測中心溫度。

6. 以上下火 180℃，加熱 1～2 小時左右，或者中心溫度達 80～82℃。

※ 注意事項：

- 燒烤 40 分鐘後（雞皮已經上色或者中心溫度 60℃左右），可以將雞隻取出稍作冷卻，並且使用刷子沾滴出的雞油刷拭全雞表皮。

- 燒烤 55 分鐘後（8 分熟或者中心溫度接近 70℃左右），可以再進行一次上述動作，此取出略作降溫與刷雞皮的步驟可以增加雞皮的脆度。

操作步驟 ▶ ▶ ▶

　　將雞爪塞入雞腹中。

　　烤雞放在烤盤紙上抹醃料。

　　溫度探針插入較厚部位肉。

　　以上下火 180℃烘烤。

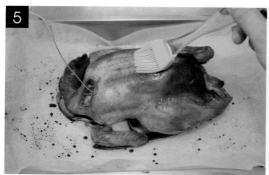

烤雞外皮已上色，取出刷肉汁。

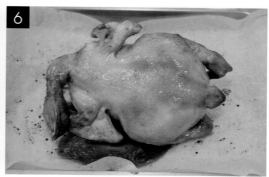

翻面後放回烤箱繼續加熱。

20 分鐘後再取出。

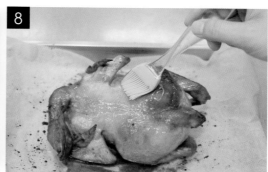

重複上述刷肉汁動作。

中心溫度達 82℃，即可取出。

烤雞成品。

三、成品分切

1. 抓握烤雞的手先戴上棉手套，再套上兩層手扒雞手套。
2. 手持剪刀朝關節處剪下雞脖、雞翅與雞爪。
3. 先往雞腿與雞身連接處雞皮剪開。
4. 邊剪邊順勢將雞腿往外扳，取下雞腿。
5. 往雞胸下緣剪開胸肉與雞背骨。
6. 繼續使用剪刀將肉與雞骨剪成適當大小，或者可使用剁刀切塊。

※ 注意事項：
- 使用掛爐、桶仔雞爐水分容易蒸發，雞皮較易酥脆。
- 所使用之全雞屠體重量在 2～2.5 臺斤最好製作，如果是重量偏重的雞隻，建議燒烤後段時，增加取出略作降溫的次數，可以避免外部燒焦，內部還未熟的情況發生。
- 一般烤雞中心溫度達 75℃ 已經全熟可以食用，繼續加熱則可以逼出更多雞汁與油脂，不僅風味較佳，雞肉也變得較入味，惟後段加熱雞皮、雞翅容易燒焦，需要小心控溫。

操作步驟 ▶▶▶

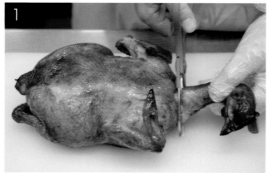

剪下雞脖。

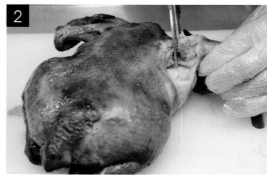

剪下雞翅。

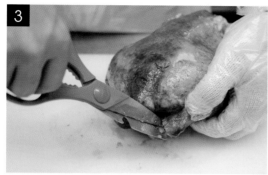

剪下雞爪。

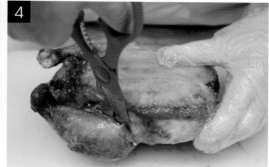

剪開雞腿雞皮。

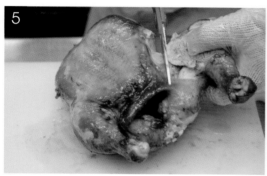

順勢扳開雞腿。

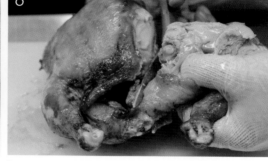

剪斷關節取下雞腿。

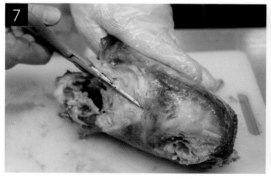

剪開雞胸與雞背骨。

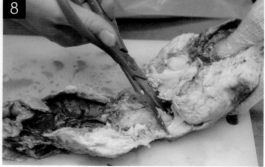

扳開再剪斷。

剪刀分切取下之部位肉。

以剁刀切成適當大小。

肆、結果與討論

一、實習紀錄

1. 全雞重量。
2. 醃漬時間。
3. 醃漬後全雞溫度與重量。
4. 燒烤時間。
5. 燒烤完成後全雞之中心溫度與重量,並計算製成率。
6. 產品拍照記錄並進行品評分析。

二、問題討論

1. 試討論不同的醃漬時間、按摩雞肉與否是否影響最終烤雞風味。
2. 可以設定不同中心溫度完成烤雞,並比較與討論其品評差異性。
3. 只要有鹽、醬油、糖、蒜頭就能製作好吃的烤雞,學員可以試著開發具個人風味的烤雞配方。

實習十六

燒烤調理類肉製品－叉燒

壹、前言

　　叉燒是臺灣人熟悉的港式料理之一，源於粵菜系，是廣東燒味的一種。港式的叉燒會選用里肌肉、五花肉、梅花肉等脂肪含量高一點的部位肉製作，臺灣的叉燒肉則多數以梅花肉製作。叉燒肉的製作並不複雜，但製作過程中有許多需要留意的地方，如原料處理、醃漬處理、燒烤火力控制等，本單元同樣以肉品加工的製程思維介紹叉燒肉製作。

貳、實習材料與器具

材料 ▶ ▶ ▶

➤ 梅花肉

▌　圖 1　梅花肉。

配方 ▶▶▶

醃料			
原料名稱	百分比（%）	原料名稱	百分比（%）
梅花肉	100	蜂蜜	1
食鹽	0.5	五香粉	0.1
味精	0.5	三奈粉	0.05
二砂	6	生洋蔥	3
醬油	4	生蒜	3
海鮮醬	2	麥芽糖	少許
豆腐乳	0.5	沙拉油	少許
米酒	2		
合計		124.65	

器具 ▶▶▶

- ➢ 不鏽鋼方盤
- ➢ 鋼盆
- ➢ 主廚刀
- ➢ 砧板
- ➢ 磅秤
- ➢ 保鮮膜
- ➢ 烤盤紙
- ➢ 秤料皿
- ➢ 烤盤
- ➢ 刷子
- ➢ 溫度計

▌ 圖2 實習所需器材。

參、操作流程

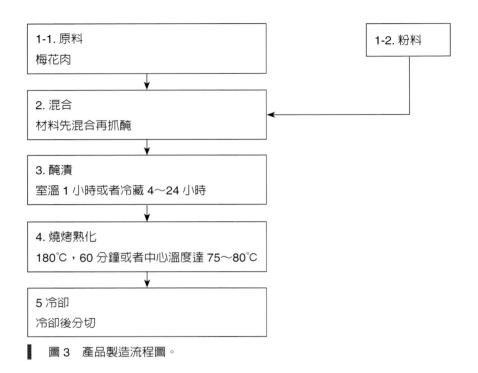

```
┌─────────────────────────┐        ┌──────────────┐
│ 1-1. 原料                │        │ 1-2. 粉料    │
│ 梅花肉                   │        └──────┬───────┘
└───────────┬─────────────┘               │
            ▼                              │
┌─────────────────────────┐◄──────────────┘
│ 2. 混合                  │
│ 材料先混合再抓醃         │
└───────────┬─────────────┘
            ▼
┌─────────────────────────┐
│ 3. 醃漬                  │
│ 室溫 1 小時或者冷藏 4～24 小時 │
└───────────┬─────────────┘
            ▼
┌─────────────────────────┐
│ 4. 燒烤熟化              │
│ 180℃，60 分鐘或者中心溫度達 75～80℃ │
└───────────┬─────────────┘
            ▼
┌─────────────────────────┐
│ 5 冷卻                   │
│ 冷卻後分切               │
└─────────────────────────┘
```

▌ 圖3 產品製造流程圖。

• 操作要點

1. 原料處理：挑選梅花肉修整後，縱切成 3～4cm 厚肉條，再以刀尖穿刺斷筋。

2. 燒烤類調理肉製品，配料與醃漬入味是產品好吃的重要因素，透過滾打（Tumbling）與足夠醃漬時間才能做出美味的叉燒肉。

3. 叉燒肉配方含有醬油與大量的糖，需要有足夠的火力才有香氣，但燒烤過程難免會有燒焦產生，成品再將燒焦處去除即可。

一、配料混合與醃漬

1. 梅花肉切成 3～4cm 長條。

2. 用刀尖順著肌肉紋路穿刺梅花肉條進行斷筋。

3. 配料混合均勻後抓醃梅花肉。

4. 將梅花肉條裝入適當大小粉料袋中。

5. 往桌面摔打（Tumbling）約 5～10 分鐘。

6. 室溫醃漬 1 小時，或者冷藏醃漬 4～24 小時。

操作步驟 ▶▶▶

梅花肉條對切。

切成 3～4cm 梅花肉條。

以刀尖順紋斷筋。

梅花肉條加入所有醃料混合均勻。

抓醃梅花肉條。

將梅花肉裝入適當大小粉料袋中。

摺好袋口再放入另一個袋中。

雙手抓住袋口。

倒轉往上拋起。

讓肉水平摔落桌面。

滾打後再醃漬一段時間。

二、熟化

1. 烤箱先預熱。

2. 麥芽糖以熱水（1：1）調開。

3. 設定上下火 180℃，加熱 40～60 分鐘，或者加熱至中心溫度 75～80℃。

4. 成品先刷上麥芽糖水再刷沙拉油即為成品。

※ 注意事項：

- 叉燒可用烤箱亦可用掛爐大量製作。
- 熟化過程中要取出翻面並沾刷醬汁。
- 麥芽糖水亦可使用糖漿取代。
- 叉燒的最終熟度可自行依照喜愛程度調整。

操作步驟 ▶▶▶

醃漬好的五花肉鋪在烤盤上。

放入烤箱，接上中心溫度探針。

設定上下火 180℃。

烘烤中途取出翻面並刷肉汁。

加熱至中心溫度 75～80℃。

刷上麥芽糖水再刷上沙拉油。

叉燒肉成品。

將叉燒肉逆紋切片。

肆、結果與討論

一、實習紀錄

1. 修整後梅花肉條數量與重量。
2. 醃漬完成後之重量。
3. 燒烤時間。
4. 燒烤完成叉燒肉之中心溫度與重量，並計算製成率。
5. 產品拍照記錄並進行品評分析。

二、問題討論

1. 試討論如果選用梅花肉以外的部位肉製作叉燒是否合適。
2. 試討論肉中筋腱對產品口感之影響。

實習十七

滷煮調理類肉製品—油雞

壹、前言

　　油雞，臺灣常見可以分為臺式料理的蔥油雞，或者港式／廣式／粵菜料理的豉油雞。本單元所要介紹的油雞，就是源自於粵菜豉油雞。豉油就是廣東語的醬油，搭配糖、蔥、薑、蒜、辣椒以鍋燒出香氣，再以滷煮搭配悶泡的方式浸熟雞肉。在整個油雞的製作程序中，會運用到許多個烹飪技巧，包括蔥、薑、蒜爆香，醬油和糖進行梅納反應，搭配中藥材滷煮出特殊香味。最後是火候的掌控，以較低溫度的方式熟化雞肉，讓雞皮彈而不破，雞肉鮮嫩多汁不乾柴。美味料理變成肉品加工產品，早已成趨勢，便利商店內即食產品貨架上琳瑯滿目的商品，提供了忙碌現代人便利餐飲之選擇。本單元以料理的方式介紹油雞，呈現油雞這道料理風味的燒製方式，先讓學員有個概念，未來可以將其運用在肉品加工製程的開發。

貳、實習材料與器具

材料 ▶▶▶

➢ 全雞

▌ 圖1　全雞。

配方 ▶▶▶

滷包	
原料名稱	重量（g）
八角	6
丁香	3
沙薑	3
甘草	3
草果	6
桂皮	3
合計	24

配料	
原料名稱	重量（g）
蒜頭	30
紅蔥頭	30
紅辣椒	30
薑	30
蔥	30
合計	150

調味料	
原料名稱	重量（g）
水	1500
醬油	300
蠔油	50
冰糖	100
紹興酒	50
香油	少許
合計	2000

器具 ▶▶▶

- ➤ 不鏽鋼方盤
- ➤ 鋼盆
- ➤ 主廚刀
- ➤ 剁刀
- ➤ 砧板

- ➤ 磅秤
- ➤ 秤料皿
- ➤ 滷包袋
- ➤ 湯鍋
- ➤ 湯勺

- ➤ 溫度計
- ➤ 刷子
- ➤ 棉手套
- ➤ 手扒雞手套

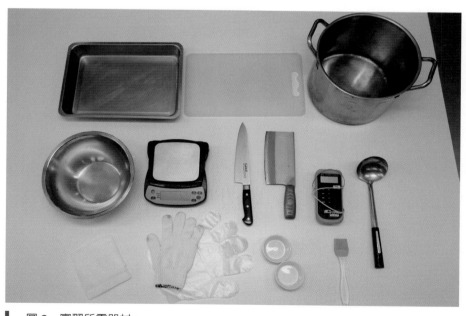

▋ 圖2 實習所需器材。

參、操作流程

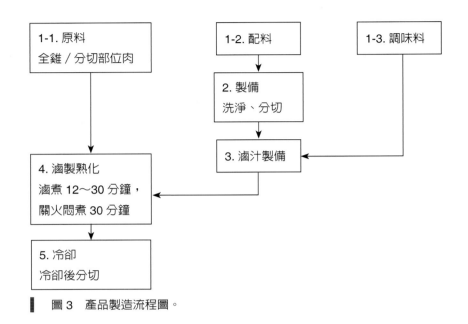

```
┌─────────────────┐      ┌─────────────┐      ┌─────────────┐
│ 1-1. 原料       │      │ 1-2. 配料   │      │ 1-3. 調味料 │
│ 全雞／分切部位肉│      └──────┬──────┘      └──────┬──────┘
└────────┬────────┘             │                    │
         │                      ▼                    │
         │             ┌─────────────┐               │
         │             │ 2. 製備     │               │
         │             │ 洗淨、分切  │               │
         │             └──────┬──────┘               │
         │                    ▼                      │
         │             ┌─────────────┐               │
         │             │ 3. 滷汁製備 │◄──────────────┘
         │             └──────┬──────┘
         ▼                    │
┌─────────────────┐           │
│ 4. 滷製熟化      │◄─────────┘
│ 滷煮 12～30 分鐘，│
│ 關火悶煮 30 分鐘 │
└────────┬────────┘
         ▼
┌─────────────────┐
│ 5. 冷卻         │
│ 冷卻後分切      │
└─────────────────┘
```

▌ 圖 3　產品製造流程圖。

• 操作要點

1. 一般油雞都以全雞製作居多，需要較大的鍋具與烹煮技巧，先分切成部位肉再進行滷煮調理，操作會容易許多。

2. 油雞的風味來源來自香辛料、醬油、糖的爆香，結合中藥材的風味；雞肉的加熱方式分為兩個階段，先小火滷煮再關火悶熟，以較低的加熱溫度，降低雞肉在熟化過程中蛋白質的收縮與脫水，因此製品會有較佳的嫩度與多汁性。

一、原料處理

1. 全雞直接洗淨瀝乾後備用，或者先將全雞分切備用（請參考實習三雞肉各部位分切）。

2. 將滷包材料裝入滷包袋中（可先用油炒香）。

3. 蒜頭、紅蔥頭切細，薑切片備用。

操作步驟 ▶▶▶

起油鍋。

放入滷包材料。

炒至香味飄出。

裝入滷包袋中。

袋口反摺確保材料不掉出。

二、滷製熟化

1. 取適當鍋具起油鍋爆香蒜頭、紅蔥頭、薑片。

2. 依序加入醬油、蠔油、冰糖、少許水煮至沸騰。

3. 加入所有水,放入滷包,開大火煮至沸騰。

4. 轉小火,放入全雞或者雞腿、雞胸、雞翅、雞背骨。

5. 保持滷汁小滾,雞肉未浸泡滷汁處以湯匙淋灑滷汁。

6. 全雞每 10 分鐘翻面一次,需要滷煮 30 分鐘左右,其他部位肉每 5 分鐘翻面一次,大約滷煮 12～15 分鐘。

7. 加入紹興酒,蓋上鍋蓋悶煮 1 分鐘後關火。

8. 悶煮 30 分鐘後才可開蓋。

9. 取出油雞以刷子沾香油刷拭外表,放涼後切成適當大小。

※ 注意事項:

• 如使用骨腿記得在與雞爪連接關節處下方下刀,保留關節完整性。

• 滷製過程中,雞皮非常容易收縮與破損,要小心操作。

• 可以使用牙籤或者鬆肉針穿刺雞肉,能幫助雞肉吸收滷汁風味。

• 本實習單元火候的控制是影響最終產品品質的關鍵因素。

• 滷汁可以重複使用,骨腿以外的部位肉同樣可以滷製。

操作步驟 ▶ ▶ ▶

起油鍋。

放入蒜頭、紅蔥頭、薑片。

拌炒 1 分鐘至香氣飄出。

蠔油先加入醬油中拌勻。

加入醬油,開大火拌炒。

加入冰糖。

再加入少許水煮至沸滾。

加入辣椒與青蔥。

倒入所有的水。

放入滷包，煮至沸滾。

雞皮面朝下，放入雞腿。

調整火力，維持滷汁小滾。

雞腿每 5 分鐘翻面一次。

未浸泡處以湯匙淋灑滷汁。

15 加入紹興酒。

16 蓋上鍋蓋,悶煮 30 分鐘。

17 取出油雞腿刷抹香油。

18 其他部位肉也可以滷製。

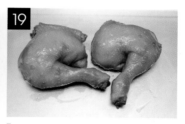

19 油雞腿放涼。

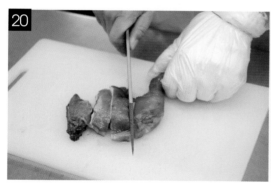

20 以剁刀分切。

21 油雞腿成品。

肆、結果與討論

一、實習紀錄

1. 清洗後之全雞或部位肉重量。

2. 雞肉放入前之滷汁溫度。

3. 熟化完成後之油雞中心溫度與重量。

4. 成品拍照後進行品評分析。

二、問題討論

1. 本單元使用料理手法製作油雞，如果要改用肉品加工製程，應該如何設計？

2. 醬油除了提供味道，尚有調色的功能，試討論其影響因子。

3. 試討論油雞的製作過程如何運用溫度計來確認雞肉是否煮熟。

實習十八

滷煮調理類肉製品—醉雞捲

壹、前言

　　醉雞源自於江浙菜系,以黃酒類的紹興酒、紅露酒、花雕酒、女兒紅等浸漬而成,是一道能完美詮釋江浙菜之選料嚴謹、製作精細、清鮮嫩爽、注重原味等特色的料理。本單元所介紹的「紹興醉雞腿捲」雖以料理方式操作,但仍舊需要運用肉品加工技術,如雞肉分切的刀工,能讓學員練習操作分切骨腿與雞腿去骨;利用滾打(Tumbling)技術縮短醃漬時間。最終成品將以冷盤的方式呈現,製程中微生物的控制尤其重要。透過本單元可以讓學員更加熟悉雞肉分切與去骨,也能讓學員更能掌握保持雞肉嫩度的蒸煮手法。

貳、實習材料與器具

材料 ▶▶▶

➤ 全雞或骨腿

▌　圖1　全雞。

配方 ▶▶▶

醃料			
原料名稱	百分比（%）	原料名稱	百分比（%）
去骨雞腿	100	紹興酒	3
白胡椒	0.2	鹽	1
合計		104.2	

醉雞湯料			
原料名稱	重量（g）	原料名稱	重量（g）
水	300	紅棗	8
枸杞	8	鹽	10
黨蔘	5	糖	5
當歸	1	紹興酒	300
合計		640	

器具 ▶▶▶

- ➤ 不鏽鋼方盤
- ➤ 鋼盆
- ➤ 去骨刀（14.5cm）
- ➤ 砧板
- ➤ 磨刀棒
- ➤ 磅秤
- ➤ 秤料皿
- ➤ 鋁箔紙
- ➤ 粉料袋
- ➤ 手扒雞手套
- ➤ 湯鍋
- ➤ 電鍋／蒸籠

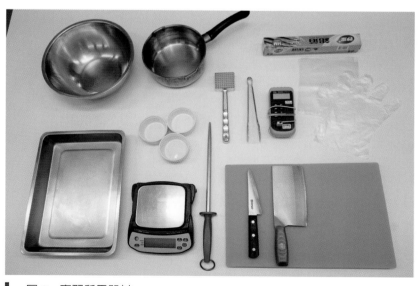

▌ 圖2 實習所需器材。

參、操作流程

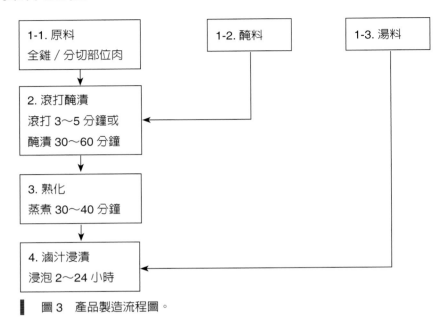

圖 3　產品製造流程圖。

• 操作要點

1. 原料處理：挑選全雞分切骨腿，去骨後整修成無骨雞腿排。

2. 雞腿排先抓醃滾打（Tumbling）後捲成雞腿捲，以蒸煮方式熟化後備用。

3. 調製醉雞滷汁，再將熟化後之雞湯與雞腿捲放入，冷卻降溫後，於冰箱冷藏醃漬入味。

4. 食用前再取出切片。

一、原料處理與醃漬

1. 全雞分切及去骨（請參考實習三雞肉各部位分切）置於適中鋼盆。

2. 腿肉內側劃刀，可以增加入味與定型。

3. 其他部位肉可以用牙籤或者針插穿刺。

4. 加入醃料，混合均勻後裝入雙層粉料袋中。

5. 倒轉粉料袋將肉摔打（Tumbling）在桌面上 3～5 分鐘。

6. 亦可將醃料混合均勻後，室溫醃漬 30～60 分鐘。

7. 醃漬後腿肉放在適當大小鋁箔紙上，先捲成圓柱狀再用鋁箔紙包好。

分切與去骨操作步驟 ▶▶▶

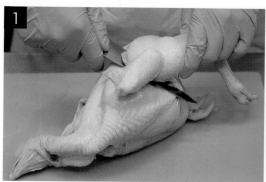

劃開雞腿。

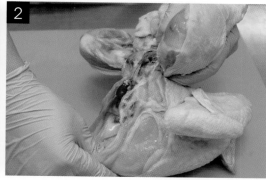

折斷脊椎。

切斷腿部。

切掉雞爪與屁股。

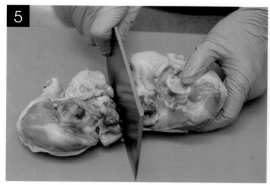

往中間剁開。

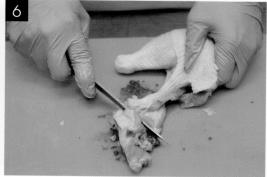

去背骨。

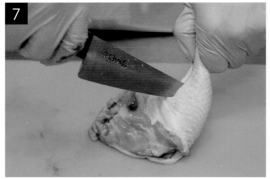

沿腿骨內側劃刀。

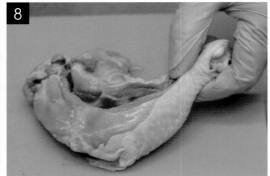

切開棒腿肉。

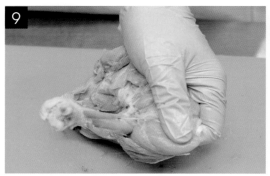

棒腿肉切開扳離骨頭。

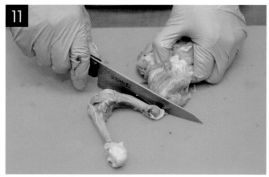

關節處下刀，切開關節軟骨。

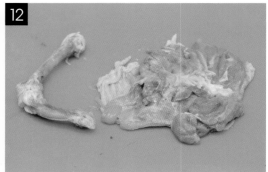

拉開骨腿肉切斷。

去骨腿排與腿骨。

醃漬與整型操作步驟 ▶ ▶ ▶

▌依序加入醃料。

▌混合均勻。

▌放入雙層粉料袋中。

▌倒轉甩起。

▌均勻摔打桌面。

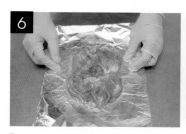

▌將醃漬好的後腿肉放在適當大小的鋁箔紙上，將後腿肉捲起來。

▌捲緊成圓筒狀後，再將兩邊收緊。

二、熟化

1. 將包裝好的腿肉放在盤子裡（收集湯汁）。

2. 放入電鍋或者蒸籠，加入 2～2.5 杯水（蒸煮 30～40 分鐘）。

3. 其他部位肉可以蒸熟或者水煮 15 分鐘（維持小翻滾）再關火悶泡 30 分鐘。

4. 熟化後雞腿捲或部位肉先泡冰水降溫冷卻後再拆開鋁箔。

操作步驟 ▶ ▶ ▶

雞捲熟化後，將肉汁留存備用。

雞捲置於冰上冷卻。

雞捲完全冷卻後，將鋁箔拆除。

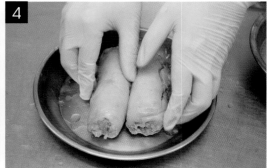

已拆除鋁箔之雞腿捲。

三、醉雞湯汁浸泡

1. 取一適當大小湯鍋，加入水、中藥材、鹽、糖。

2. 煮至沸騰後加入蒸肉的雞湯汁。

3. 關火放入雞腿捲或者雞部位肉。

4. 加入紹興酒，先以冰水降至室溫，再放入冰箱冷藏泡漬 2～24 小時。

5. 醃漬入味後，取出切成小片狀。

> ※ **注意事項：**
>
> • 本道醉雞產品會帶有紹興酒味，如要降低酒味可以提早放入紹興酒滾煮；反之，如要增加酒味可以等滷汁降溫後再加入紹興酒。
>
> • 本單元建議以全雞分切方式製作，可以讓學員練習分切與去骨，雞腿以外的部位肉可以使用蒸煮或者水煮方式熟化，再以紹興酒湯汁泡製。
>
> • 去骨後的骨架可以放入湯料中滾煮。

操作步驟 ▶▶▶

取湯鍋，加入水、中藥材。

加入雞骨頭一起熬煮。

煮滾後加入蒸肉的雞湯汁。

關火放入雞腿捲。

加入紹興酒。

先以冰水降溫，再冷藏浸漬。

浸漬入味後切片。

醉雞捲成品。

肆、結果與討論

一、實習紀錄

1. 原料重量與溫度。

2. 無骨雞腿排重量。

3. 熟化雞腿捲溫度與重量。

4. 醉雞滷汁浸漬時間。

5. 醉雞捲重量，並計算製成率。

6. 產品拍照記錄並進行品評分析。

二、問題討論

1. 滾打（Tumbling）可以促進醃漬（Marinating）效果，試討論其原因。

2. 可分組比較滾打與醃漬製程對於最終產品風味之影響。

3. 醉雞需要浸泡隔夜才容易入味，試討論如何控制微生物，確保產品安全。

國家圖書館出版品預行編目(CIP)資料

肉品加工學實習／鄭富元編著.--初版.--臺北
市：五南圖書出版股份有限公司, 2023.01
面；　公分

ISBN 978-626-343-635-0(平裝)

1.CST: 食品加工　2.CST: 肉類食物

439.6　　　　　　　　　　111020890

5N53

肉品加工學實習

作　　者 ― 鄭富元

發 行 人 ― 楊榮川

總 經 理 ― 楊士清

總 編 輯 ― 楊秀麗

副總編輯 ― 李貴年

責任編輯 ― 何富珊

出 版 者 ― 五南圖書出版股份有限公司

地　　址：106台北市大安區和平東路二段339號4樓

電　　話：(02)2705-5066　傳　　真：(02)2706-6100

網　　址：https://www.wunan.com.tw

電子郵件：wunan@wunan.com.tw

劃撥帳號：01068953

戶　　名：五南圖書出版股份有限公司

法律顧問　林勝安律師事務所　林勝安律師

出版日期　2023年 1 月初版一刷

定　　價　新臺幣460元

經典永恆・名著常在

五十週年的獻禮——經典名著文庫

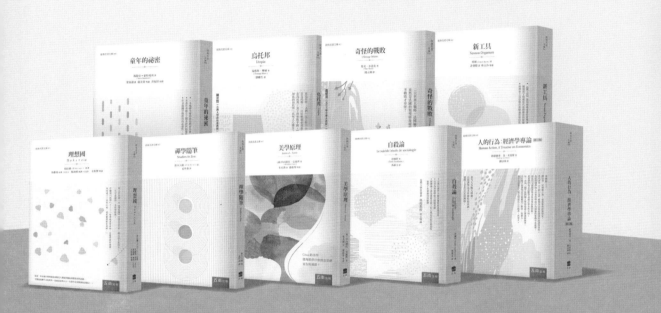

五南，五十年了，半個世紀，人生旅程的一大半，走過來了。
思索著，邁向百年的未來歷程，能為知識界、文化學術界作些什麼？
在速食文化的生態下，有什麼值得讓人雋永品味的？

歷代經典・當今名著，經過時間的洗禮，千錘百鍊，流傳至今，光芒耀人；
不僅使我們能領悟前人的智慧，同時也增深加廣我們思考的深度與視野。
我們決心投入巨資，有計畫的系統梳選，成立「經典名著文庫」，
希望收入古今中外思想性的、充滿睿智與獨見的經典、名著。
這是一項理想性的、永續性的巨大出版工程。
不在意讀者的眾寡，只考慮它的學術價值，力求完整展現先哲思想的軌跡；
為知識界開啟一片智慧之窗，營造一座百花綻放的世界文明公園，
任君遨遊、取菁吸蜜、嘉惠學子！